U0151021

机械制图测绘实训 第2版

主编 裴承慧 刘志刚

参编 乌日娜 郅 云
蒙建国

主审 骞绍华 刘 海

机械工业出版社

本书是机械制图课程实践教学的指导教材，旨在通过一周的工程图学知识与计算机绘图综合训练，更好地培养学生综合应用知识的能力、工程意识、标准化意识和严谨认真的工作态度。本书主要特点有：针对性强、围绕实训任务展开、具有较强的实操性、图表汇总等，主要内容包括：机械制图测绘概述、测绘基础知识、零件测绘技术条件、典型零件测绘和综合实例等。

本书可以作为普通高等学校工科类专业及高等职业院校机械类专业机械制图测绘实训教材。

图书在版编目（CIP）数据

机械制图测绘实训/裴承慧，刘志刚主编. —2 版 . —北京：机械工业出版社，2024.2（2025.1 重印）

ISBN 978-7-111-74840-3

Ⅰ.①机… Ⅱ.①裴… ②刘… Ⅲ.①机械制图–测绘 Ⅳ.①TH126

中国国家版本馆 CIP 数据核字（2024）第 039315 号

机械工业出版社（北京市百万庄大街 22 号　邮政编码 100037）

策划编辑：王晓洁	责任编辑：王晓洁　关晓飞	
责任校对：郑　婕　张　薇	封面设计：马若濛	
责任印制：张　博		

北京华宇信诺印刷有限公司印刷

2025 年 1 月第 2 版第 2 次印刷

184mm×260mm · 6.25 印张 · 151 千字

标准书号：ISBN 978-7-111-74840-3

定价：25.00 元

电话服务　　　　　　　　　　网络服务

客服电话：010-88361066　　　机　工　官　网：www.cmpbook.com

　　　　　010-88379833　　　机　工　官　博：weibo.com/cmp1952

　　　　　010-68326294　　　金　书　网：www.golden-book.com

封底无防伪标均为盗版　　　机工教育服务网：www.cmpedu.com

前　言

　　《机械制图测绘实训　第2版》是普通高等学校学生在学完"机械制图"和"计算机辅助设计"等相关课程后，集中一周时间进行测绘实践时使用的教材。本书是作者在多年累积的教学改革实践经验的基础上编写的，编写目的是使学生的机械制图基本技能、计算机辅助设计技能和图形表达能力得以综合运用和全面提升，培养学生独立思考、协作互助、查阅资料、解决工程实际问题的能力。本书的主要特点如下：

　　（1）针对性强。本书针对一周课程实训的教学实践，测绘内容和课程规划合理，可使学生得到工程图学知识和计算机绘图方面的综合训练。

　　（2）围绕实训任务展开。按测绘要求规划教材内容，包括量具使用、常见结构测量、常见零件表达及测量方法和综合实例等，使学生对测绘过程和测绘细节都有较清楚的认识。

　　（3）具有较强的实操性。本书内容与实际操作联系紧密，教学设计符合认知过程，课程设置了学生动手能力训练和查阅国家相关标准绘制标准工程图训练。

　　（4）图表汇总。本书力求用图表形式表示较难掌握和记忆的内容，简单易懂。

　　本书符合教育部高等学校工程图学课程教学指导委员会负责制订的《普通高等学校工程图学课程教学基本要求》。

　　本书由内蒙古工业大学裴承慧、刘志刚主编；内蒙古工业大学乌日娜、郅云，内蒙古科技大学蒙建国参编，内蒙古工业大学骞绍华、刘海主审。

　　在本书的编写过程中，得到了机械工业出版社、内蒙古工业大学新希望课外学习小组同学的大力支持和帮助，在此对关心本教材编写的同事和同学们深表谢意。

　　由于编写时间仓促和水平有限，书中的缺点和错误在所难免，恳请广大读者批评指正。

编　者

二维码清单

名称	图形
重建黄鹤楼手绘设计图	
劳模精神	
大国工匠：大技贵精	
中国自主研制的"争气机"	
劳动彰显国魂	
科学家精神	

目 录

第1章 机械制图测绘概述

1.1 测绘的概念及目的

测绘就是对现有的机器或零部件进行实物拆卸与分析，并选择合适的表达方案，不用或只用简单的测绘工具，通过目测，快速徒手绘制出所有零件草图和装配示意图，然后根据装配示意图和零件的实际装配关系，对测得的尺寸和数据进行圆整与标准化，确定零件的材料和技术要求，最后用尺规或计算机绘制出供生产使用的装配工程图样和零件工程图样的过程。零件测绘对推广先进技术、交流生产经验、改造现有设备、技术革新、修配零件等都有重要作用。因此，零件测绘是实际生产中的重要工作之一，是工程技术人员必须掌握的一项基本技能。

测绘是工科院校机械类、与机械相关专业学习机械制图重要的实践训练环节，是理论与实践相结合并在实践中培养解决工程实际问题能力最好的方法。

机械制图测绘实训是一门学完机械制图全部课程后集中一段时间专门进行零部件测绘的实训课程。开设这门课程的主要目的是让学生把已经学习到的机械制图知识全面、综合地运用到零部件制图测绘实践中，进一步掌握、总结所学到的机械制图知识，培养和提升学生制图测绘的综合能力，为后续课程奠定基础。

课程目的：

（1）掌握零件测绘的一般程序和步骤，培养零件测绘的初步能力。

（2）通过实训，熟悉零件测绘的方法，掌握简单工具的使用方法。

（3）掌握零件和装配体测绘的基本方法和步骤，进一步提高典型零件的表达能力，掌握装配图的表达方法和技巧。

（4）掌握目测比例、徒手绘制零件草图的方法和技巧，提高测绘技能。

（5）提高在零件图上进行尺寸标注、公差配合及几何公差标注的能力，了解机械结构相关知识。

（6）能够正确绘制中等复杂程度的机器或部件的装配图及零件图。

（7）正确使用参考资料、标准及规范等。

（8）培养学生认真负责的工作态度、严谨细致的工作作风以及独立分析和解决实际问题的能力，为后续课程学习及以后工作打下基础。

1.2 测绘的步骤与要求

机械制图测绘实训仅一周时间，课程设置的测绘步骤和实际工况稍有区别，参加工作后请按实际要求操作。本课程机械制图测绘的内容与步骤如下：

1. 了解和分析测绘对象　通过收集和查阅相关资料了解机器或部件的用途、工作性能、结构特点及装配关系。了解零件的名称、材料、主要加工方法及其在机器或部件中的位置、作用及与相邻零件的关系，然后对零件的内、外部结构形状特征进行结构分析和形体分析。

2. 做好测绘前的准备工作　了解测绘任务，准备相关的技术手册、拆卸工具、测量工具、绘图工具等。

3. 拆卸部件　拆卸之前一定要分析清楚零件的装配顺序，对拆下的零部件要进行登记、分类、编号，弄清楚各零件的作用和结构特点。其中：

（1）螺纹联接的拆卸可用活扳手、呆扳手、梅花扳手、内六角扳手、套筒扳手、螺钉旋具等，圆螺母应该用专用扳手拆卸。

（2）销联接的拆卸。销联接有圆柱销、圆锥销、开口销三种，其中不通孔销联接用拔销专用工具拔销器拆卸，通孔销联接用铜棒从小直径端冲击拆卸，开口销用钳子或拔销钩将其拔出。

（3）键联接的拆卸。普通型平键、半圆键只要沿轴向将联接的盘类零件拆卸即可；钩头型楔键联接可垫钢条后用锤子击出，但最好使用专用工具拉出。

（4）配合轴孔件的拆卸。间隙配合要缓慢地顺着轴线相向推出，操作时要避免两配合轴孔件因相对倾斜卡住而划伤配合面；过盈配合的轴孔件，一般不拆卸，如果必须拆卸，可先加热带孔零件，再用专门工具或压力机进行拆卸；过渡配合的轴孔件的拆卸方法是用专用工具——顶拔器，也可用铜棒同时敲击轮毂或轮辐的对称部位，还可沿轮周围均匀敲击，使其脱开（**注意**：要避免打伤零件表面）。

4. 绘制装配示意图　采用简单的线条和机构运动简图图形符号绘制出部件大致轮廓的装配图图样称为装配示意图。它主要表达各零件之间的相对位置、装配与连接关系、传动路线及工作原理等内容，是绘制装配图的重要依据。

5. 确定表达方法　选择适当的表达方法，完整、清晰、简洁地将零部件表达清楚。

6. 绘制零件草图　根据拆卸的零件，按照大致比例，用目测的方法徒手画出具有完整零件图内容的图样称为零件草图。复杂零件可用坐标纸进行绘制，简单零件直接用白纸绘制即可。绘制草图时，一定要预留出标注尺寸的位置。

零件草图是绘制零件图的重要依据，草图绝不是"潦草之图"，应做到图形正确、比例均匀、表达清楚、尺寸完整清晰、线型分明、字体工整等。其中，绘制零件草图时不使用绘图工具，只凭目测确定实际零件的形状、大小和大致比例关系，用铅笔徒手画出图形，然后集中测量并进行尺寸圆整和协调，标注尺寸数值，确定公差、配合及表面粗糙度等，切不可边画、边测、边标注。

7. 技术要求与标题栏　根据机器及有关参考资料在草图中注写零部件的技术要求并绘制标题栏。

8. 三维建模　根据手绘零件草图，利用三维建模软件对所有测绘零件进行建模，并修正、核对草图上的相关尺寸。

9. 零件图　利用三维绘图软件工程图模块绘制符合要求的零件图，并导出到二维绘图软件中，完善成符合国标要求的工程图样。

10. 绘制装配图　根据测绘零件草图利用尺规绘制装配图，同时对发现的问题进行研究并及时修正。

11. 错误修正　根据装配图和零件草图，再次修正零件图，并打印。

12. 测绘总结报告　对所有图样和技术文件进行全面审查，撰写测绘总结报告。

13. 上交材料　将所有文件材料和按标准要求叠好的图样装入材料袋中上交。

1.3　测绘的注意事项

（1）为保证安全和不损坏零件，拆卸前要仔细研究测绘对象的用途、性能、工作原理、结构特点及拆装顺序。零件要按顺序拆卸，在桌上摆放整齐，轻拿轻放，可按拆装顺序将零件编上序号，小零件要妥善保管，以防丢失或弄混。要注意保护零件的加工面和配合面。制图测绘完成后，要及时将测绘对象还原为初始状态。

（2）零件的制造缺陷，如砂眼、气孔、刀痕等，以及长期使用所造成的磨损，都不应画出。

（3）零件上有关制造、装配需要的工艺结构，如铸造圆角、倒角、倒圆、退刀槽、凸台、凹坑等都必须画出，不能省略。

（4）绘制零件草图时，要留出标注尺寸的位置。

（5）标注尺寸时要注意，与标准件配合的尺寸应按标准件的尺寸选取，如与轴承配合的孔和轴等，其余尺寸应根据尺寸圆整方法进行圆整。

（6）对于螺纹、键槽、齿轮的轮齿等标准结构的尺寸，应将测量的结果与标准值进行核对，一般采用标准的结构尺寸，以便于制造。

1.4　零件命名及图样编号

1.4.1　机器型号的编制

对于每一种产品，都应有型号和名称。型号和名称应由设计、生产单位根据相关国家或行业标准的规定进行编制，并报有关管理部门备案。例如，金属切削机床的型号须按国家标准 GB/T 15375—2008《金属切削机床　型号编制方法》的规定进行编制，农机具产品的型号须按行业标准 JB/T 8574—2013《农机具产品　型号编制规则》的规定进行编制。例如，CA6140 型卧式车床型号，其中，"C"为类别代号（车床类），"A"为结构特性代号（结构不同），"6"为组别代号（落地及卧式车床组），"1"为系别代号（卧式车床系），"40"为主参数（床身上最大回转直径 400mm）。

1.4.2　机器零部件的命名

零部件是组成机器的基本单元，一个贴切恰当的名称能体现零部件某一种较为明显的特征或用途，使阅读者在第一时间就能准确地理解其含意，而无须进行过多的思考。对零部件的命名要力求做到贴切、恰当、实用、简便，既不能过分简单或烦琐，也不能有怪异感。

一般机器按结构构成分为几个大的部分，这些组成部分称为部件，各部件又可细分为多个小部件或零件，这些小部件最终又划分为若干零件，下面就除标准件之外的零部件的命名方式进行分类：

1. 使用零部件的基本名称进行命名 这样的零部件往往能在一般的技术资料中查到，如《机械设计手册》和各类相关标准等。基本名称是构成大多数零部件名称的基础部分，一般情况下，它们只有和其他词构成一个新词组才能反映零部件的特征，当然在不致引起混乱的前提下，也可以单独使用。例如板、杆、套、块、网、管、轮、轴、箱、壳、架、盘、框、罩等，其中杆、套、块、网、管是按照零部件的形状来命名的，轮、轴则是按照功能来命名的，而箱、壳、架、盘、框、罩则是以抽象的形态来命名的。

2. 以复合的方式对零部件进行命名 为了区分相类似的零部件，在基本零件名称的基础上，强调零部件的某一特征，将描述零部件特征的词与基本零部件名称相结合构成复合零部件名称。这是最为常用的一种命名方法，描述零部件特征的词有很多，具体可分为以下几类：

（1）功能类复合零部件名称：由于零部件在机械产品中都有一定的功能，例如支承、夹紧、导向、容纳、传动、联接、密封、防松等，这些功能是决定零部件主要结构及特征的依据，如垫圈、顶尖、夹板、支承柱、导柱、定位环、防尘罩、进油管等。

（2）形状类复合零部件名称：这类名称以零部件的总体形状为主，反映零部件形状的词有宽窄、粗细、长短、厚薄、凹凸、直弯、圆方等。这些形状是决定零部件主要结构及特征的依据，如凸轮、曲柄、叶轮、螺旋桨、大头螺钉、圆管、弯板、蝶形螺母等。

（3）材料类复合零部件名称：这类零部件的特征往往不在于形状和构造，而是体现在其制作材料上，机械零部件常用的材料有铸铁、钢、铝、铜、橡胶、塑料、尼龙、玻璃等，以这种方式命名的零部件有钢板、尼龙套、铜垫、绝缘板等。

（4）位置及方向类复合零部件名称：零部件的特征有时会体现在其安装位置或方向上，在这种情况下可采用此类命名方式。描述位置或方向的词有上中下、左右、内外、顶底、横竖、侧边、前后等，以这种方式命名的零部件有上盖、下支腿、外壳、前梁、中轴、左挡板等。

（5）直述类复合零部件名称：这类名称按照零部件包含的特定含意或依托某一零部件而存在，从命名方式上可直接看出其属于哪一部分，例如：支脚盘、油箱盖、曲轴箱等。

（6）比拟类复合零部件名称：按照零部件外形酷似的形状来进行命名，以这种方式命名的零部件有三通接头、棘爪、叉架等。

（7）方法类复合零部件名称：按照零部件的制造方法来描述其名称，常用的零部件制造方法有焊接、铸造、锻造、压力成形等，以这种方式命名的零部件有铸造床身、焊接机架等。

1.4.3 产品图样编号

每个产品、部件、零件的图样和文件均应有独立的代号。同一产品、部件、零件的图样用数张图样绘制时，各张图样应标注同一代号。机械零件一般按两大规则编号：分类编号法和隶属编号法。分类编号法一般适用于大批量生产、零件的通用性程度高的情况，隶属编号法适用于小批量生产的情况。

产品图样及设计文件的编号应根据机械行业标准 JB/T 5054.4—2000《产品图样及设计文件　编号原则》的推荐，采用隶属编号法为宜。产品图样和文件编号一般可采用下列字符：

（1）0～9 阿拉伯数字。

（2）A～Z 拉丁字母（O、I 除外）。

（3）"－"短横线、"."圆点、"/"斜线。

隶属编号法是按机器、部件、零件的隶属关系进行编号的，隶属编号法分全隶属编号法和部分隶属编号法两种。对于不同的行业，也可按各自行业或企业内部标准规定进行编号。本书所介绍的是编号规则较为简单且适用于机器测绘训练目的方法——全隶属编号法。

全隶属编号由产品代号和隶属号组成，中间可用圆点和短横线隔开，必要时可加尾注。全隶属编号码位表如图 1-1 所示。

码位	1	2	3	4	5	6	7	8	9	10
含义	产品代号码位		各级部件序号码位			零件序号码位			设计文件、产品改进码位	

图 1-1　全隶属编号码位表

产品代号由数字和字母组成，有时产品代号与产品型号可通用。隶属号由数字组成，其级数和位数应按产品结构的复杂程度确定。部件的序号应在其所属（产品或上一级部件）的范围内编号，零件的序号也应在其所属（产品或部件）的范围内编号。尾注号由字母组成，表示产品改进和设计文件种类。当两种尾注号同时出现时，两者所用字母应予以区别，改进尾注号在前，设计文件尾注号（见附录 B）在后，并在两者之间空一字间隔，或加一短横线，如图 1-2 所示。

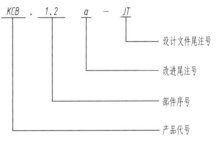

图 1-2　设计文件编号示例

全隶属编号（示例见图 1-3）根据具体产品的复杂程度，将其部件分为一级部件、二级部件、三级部件。各级部件、直属零件及部件所属零件编号如下：

产品代号：KCB.0

一级部件编号：KCB.3

二级部件编号：KCB.3.2

三级部件编号：KCB.3.2.1

产品直属零件编号：KCB-1

一级部件所属零件编号：KCB.3-1

二级部件所属零件编号：KCB.3.2-1

三级部件所属零件编号：KCB.3.2.1-1

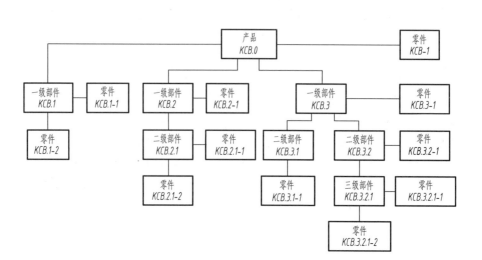

图 1-3 全隶属编号示例

1.5 图样归档

1.5.1 标题栏和明细栏

标题栏的内容、填写、尺寸与格式应符合 GB/T 10609.1—2008 的要求，装配图中明细栏应符合 GB/T 10609.2—2009 的要求。零件图标题栏格式如图 1-4 所示，装配图明细栏格式如图 1-5 所示，其他格式参见国标。

注意：装配图图样中各零件的材料应填写在明细栏中，标题栏中材料标记一项通常不填写。

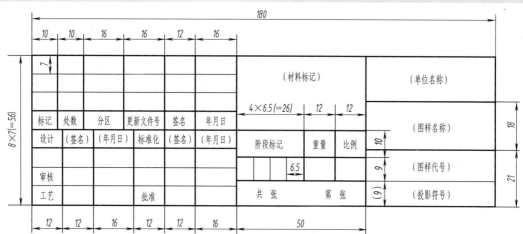

图 1-4 零件图标题栏格式

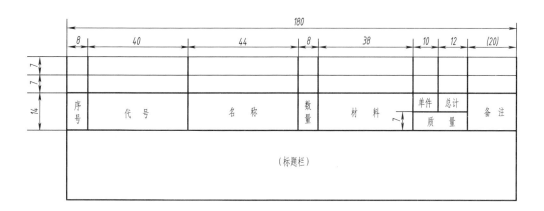

图 1-5　装配图明细栏格式

1.5.2　图样装订

图样管理有要求装订归档和不装订归档两种类型，不装订归档图样折叠方法如图 1-6 ~ 图 1-9 所示，其他折叠方法参见国标 GB/T 10609.3—2009。

注意：无论采用何种折叠方法，折叠后图样的标题栏均应露在外面，以便查看图样基本信息。

1. A0 图样折叠成 A4　首先按图 1-6 所示给定的尺寸划分图样，然后按 1 ~ 5 数字的顺序在长度方向折叠，再按 6、7 的数字顺序在宽度方向折叠成 A4 大小，最后沿虚线的位置将标题栏折出。

2. A1 图样折叠成 A4　首先按图 1-7 所示给定的尺寸划分图样，然后按 1 ~ 3 数字的顺序在长度方向折叠，再按数字 4 在宽度方向折叠成 A4 图样大小，最后沿虚线的位置将标题栏折出。

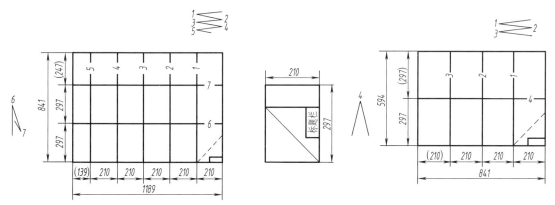

图 1-6　A0 图样折叠成 A4（不装订）　　　图 1-7　A1 图样折叠成 A4（不装订）

3. A2 图样折叠成 A4　首先按图 1-8 所示给定的尺寸划分图样，然后按 1、2 数字的顺序在长度方向折叠，再按数字 3 在宽度方向折叠成 A4 图样大小，最后沿虚线的位置将标题栏折出。

4. A3 图样折叠成 A4 首先按图 1-9 所示给定的顺序和尺寸对折，然后沿虚线的位置将标题栏折出。

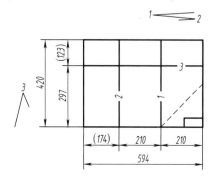

图 1-8 A2 图样折叠成 A4（不装订）

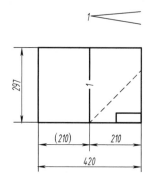

图 1-9 A3 图样折叠成 A4（不装订）

1.5.3 材料袋封面

图样和课程总结报告等需要整理后装入材料袋中提交，材料袋封面应填写课程名称、项目名称、指导教师、设计者等相关信息，具体格式如图 1-10 所示。

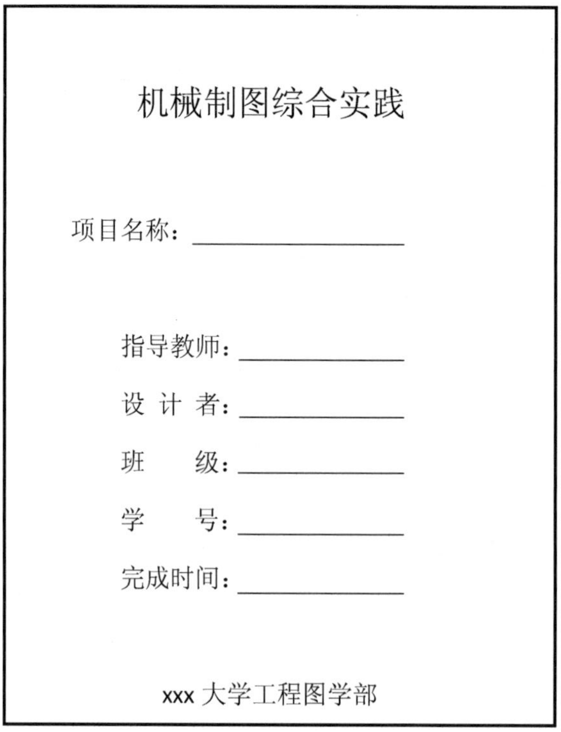

机械制图综合实践

项目名称：＿＿＿＿＿＿＿＿

指导教师：＿＿＿＿＿＿

设 计 者：＿＿＿＿＿＿

班　　级：＿＿＿＿＿＿

学　　号：＿＿＿＿＿＿

完成时间：＿＿＿＿＿＿

xxx大学工程图学部

图 1-10 材料袋封面

1.6　测绘工作量分配及工作进度安排

按照课程基本要求，将班级学生分为 3 或 4 人一组集中一周进行中等复杂程度装配体的测绘，班级成员分组见表 1-1；测绘零件草图分配见表 1-2，齿轮油泵测绘零件草图分配表见附录 A；制图测绘内容及课时分配见表 1-3；结课上交材料及要求见表 1-4。

表 1-1　班级成员分组

组别	学生			
	A	B	C	D
第一组				
第二组				
第三组				
第四组				
第五组				
第六组				
第七组				
第八组				
第九组				
第十组				
第十一组				
第十二组				

表 1-2　测绘零件草图分配

学生	零件			
	测绘零件 1	测绘零件 2	测绘零件 3	测绘零件 4
A				
B				
C				
D				

表 1-3　制图测绘内容及课时分配

第一天		第二天		第三天		第四天		第五天	
上午	下午	上午	下午	上午	下午	上午	下午	上午	下午
小组分工。了解工作原理并拆卸	完成零件草图（包括表达方案确定、徒手绘图、量具使用）		进行三维建模并生成工程图	用尺规绘制工程图三维软件出工程图		修正所有图样	填写项目任务书	撰写课程总结报告（500 字）	整理材料并上交。打扫卫生
进度审核签章									

说明：指导教师可根据实际情况对测绘课时分配进行适当调整。

表1-4 结课上交材料及要求

序 号	纸张大小	项目内容
1	A3	箱体类零件草图
2	A4	非箱体类零件草图（如：轴类、盘类零件）
3	A4	非箱体类零件草图（如：轴类、盘类零件）
4	A4	非箱体类零件草图（如：轴类、盘类零件）
5	A3	三维软件中生成箱体类零件工程图并用二维软件完善后打印
6	A4	三维软件中生成轴类或盘类零件工程图并用二维软件完善后打印
7	A2	机器装配图
8	A4	课程总结报告

课程结束后以上8项必须全部完成。

1.7 课程考核安排

5天的机械制图测绘训练时间集中、任务繁重，各个环节联系紧密，若无纪律保证，则无法完成任务，达不到预期目的。

1. 测绘纪律

（1）必须严格遵守实训时间，因故不到者必须事先向指导教师请假。

（2）必须按照测绘进度表进行工作，每天指导教师将根据是否完成指定工作给予鉴定并签章。

（3）要爱护设备，不能损坏或丢失零件、测绘工具及量具。

（4）测绘任务应独立完成，一旦发现抄袭或代替他人作业者按不及格处理。

2. 成绩评定

（1）能够按照测绘进度表完成工作30分，少一次指导教师签章扣3分。

（2）8项提交材料占70分，其中零件图与装配图占50分，其余占20分。如果缺项则按不及格处理。

（3）最后成绩按"五级分制"评定，分别为"优""良""中""及格"与"不及格"。

 拓展园地

"图样"是工程界的交流语言，是人类生产生活和文明传承的载体，扫描二维码观看"重建黄鹤楼手绘设计图"，体会传承和创新的强大生命力，正确认识测绘课程的重要性。

重建黄鹤楼手绘设计图

第 2 章 测绘基础知识

2.1 常用测量工具

2.1.1 常用测量工具简介

零件尺寸的测量是机器部件制图测绘中的一项重要内容。采用正确的测量方法可以减少测量误差，提高制图测绘效率，保证测得尺寸的精确度。测量方法与制图测绘工具有关，因此需要先了解常用的制图测绘工具，掌握正确的使用方法和测量技术。

常用的测量工具有钢直尺、卡钳、游标卡尺、外径千分尺、游标万能角度尺、螺纹量规和半径样板等。常用测量工具简介见表2-1。

表 2-1　常用测量工具简介

名称	图　示	说　明
钢直尺		钢直尺是用不锈钢薄板制成的一种刻度尺，通常刻度最小单位为1mm。一般用来测量精度要求不高的线性尺寸
卡钳		卡钳有外卡钳（测量外径）和内卡钳（测量内径）两种，卡钳是间接测量工具，必须配合带有刻度的量具才能量取尺寸。卡钳测量误差较大，常用来测量一般精度的直径尺寸
游标卡尺		游标卡尺是一种测量精度较高的量具，一般分度值为0.02mm。除测量长度尺寸外，还可用来测量内径、外径、孔和槽深度及台阶高度等尺寸
外径千分尺		外径千分尺简称千分尺，是生产制造中常用的精密量具，其利用精密螺旋传动，把螺杆的旋转运动转化成直线移动而进行测量，测量精度比游标卡尺高，常用来测较高精度的长度和外径等尺寸

（续）

名称	图　示	说　明
游标万能角度尺		游标万能角度尺是利用游标读数原理来直接测量工件角度或进行划线的一种角度量具，适用于机械加工中的内、外角度测量，可测0°～320°外角及40°～130°内角
螺纹量规		螺纹量规主要用于低精度螺纹工件的螺距和牙型角的检验。测量时，螺纹量规的测量面与工件的螺纹必须完全、紧密接触。此时，螺纹量规上所表示的数字即为螺纹的螺距
半径样板		半径样板又称圆角规（R规），主要用来测量圆角的半径，其中凸弧和凹弧各十六个。测量时，半径样板片应与被测表面完全密合，所用样板数值即为被测表面的圆角半径

2.1.2　游标卡尺

卡尺有游标式、带表式和数显式三类，如图2-1所示为游标卡尺结构。

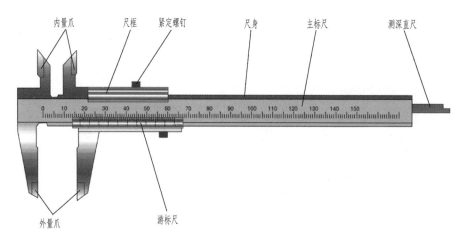

图2-1　游标卡尺结构

1. 游标卡尺使用注意事项

（1）使用前，先擦干净两量爪测量面，并用透光法检查内、外量爪测量面是否贴合，同时检查主标尺和游标尺的零线是否对齐。若未对齐，则应根据原始误差修正测量读数。

（2）测量外尺寸时，应使量爪张开的尺寸比测量尺寸稍大；测量内尺寸时，应使量爪张开的尺寸比测量尺寸稍小，然后轻推或轻拉游标卡尺量爪，使其轻轻接触测量表面。测量内径时，不要使劲转动卡尺，而要轻轻摆动，找出最大值。

（3）游标卡尺只能测量处于静止状态的零件。

（4）游标卡尺不能和锤子、锉刀、车刀等刃具堆放在一起，避免划伤、损坏其精度。

（5）在使用过程中，放置游标卡尺时应注意将尺面朝上平放。

（6）使用完毕应将游标卡尺擦干净，放入专用盒内。

2. 分度值为 0.02mm 游标卡尺的刻线原理及读法　其标尺标记和读数方法如图 2-2 和图 2-3 所示，主标尺上每小格 1mm，每大格 10mm；游标尺上 49mm 分 50 小格，每小格的长度为 49mm/50 = 0.98mm，主标尺、游标尺每格之差 = 1mm − 0.98mm = 0.02mm。因此，这种游标卡尺的分度值为 0.02mm。游标卡尺的测量读数 = 主标尺读数 + 游标尺读数。

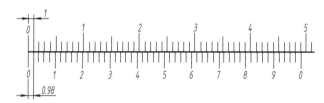

图 2-2　0.02mm 游标卡尺标尺标记

0.02mm 游标卡尺读数步骤如下：

（1）读出游标尺零标记以左主标尺上的刻线值，即为最后读取的整数值部分，读取 25mm。

（2）数出游标尺上与主标尺的标尺标记对齐的那一根刻线的格数，将格数与分度值 0.02mm 相乘，即得到最后读取的小数值部分。数出 12 格，12 × 0.02mm = 0.24mm。

（3）将读取的整数值与小数值相加，即得被测零件的尺寸值 25mm + 0.24mm = 25.24mm。

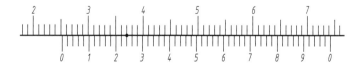

图 2-3　0.02mm 游标卡尺读数方法

3. 分度值为 0.05mm 游标卡尺的标尺标记及读法

（1）方法一，如图 2-4 所示。主标尺上每小格 1mm，每大格 10mm；游标尺上 19mm 分 20 小格，每小格的长度为 19mm/20 = 0.95mm，主标尺、游标尺每格之差 = 1mm − 0.95mm = 0.05mm。因此，这种游标卡尺的分度值为 0.05mm。

游标卡尺的测量读数 = 主标尺读数 + 游标尺读数。例如，图 2-5 所示读数为 22mm + 7 × 0.05mm = 22.35mm。

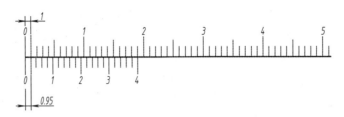

图 2-4　0.05mm 游标卡尺标尺标记一

图 2-5　0.05mm 游标卡尺读数方法一

（2）方法二，如图 2-6 所示。主标尺上每小格 1mm，每大格 10mm；游标尺上 39mm 分 20 小格，每小格的长度为 39mm/20 = 1.95mm，主标尺上每 2 格与游标尺每格之差 = 2mm − 1.95mm = 0.05mm。因此，这种游标卡尺的分度值为 0.05mm。

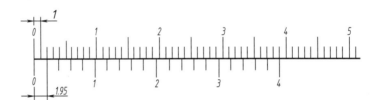

图 2-6　0.05mm 游标卡尺标尺标记二

游标卡尺的测量读数 = 主标尺读数 + 游标尺读数。例如，图 2-7 所示读数为 7mm + 11 × 0.05mm = 7.55mm。

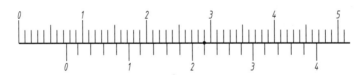

图 2-7　0.05mm 游标卡尺读数方法二

2.1.3　外径千分尺

1. 外径千分尺的结构及读数原理　外径千分尺结构如图 2-8 所示，基本参数（GB/T 1216—2018）如下：

（1）分度值：0.001mm、0.002mm、0.01mm。

（2）测微螺杆螺距：0.5mm 和 1mm。

（3）量程：25mm 和 100mm。

（4）测量范围：从 0 ~ 500mm，每 25mm 为一档；从 500 ~ 1000mm，每 100mm 为一档。

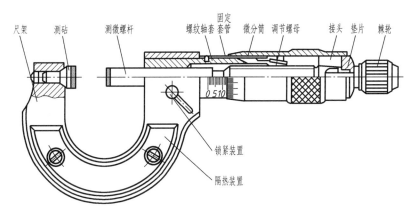

图 2-8　外径千分尺结构

2. 外径千分尺标尺标记及读数步骤（0 ~ 25mm）　外径千分尺固定套管长 25mm，固定套管上刻有轴向中线，作为读数基准。轴向中线两侧或同侧刻有 50 等分的标记，表示对应的毫米整数值和半毫米值，微分筒旋转一周，带动测微螺杆轴向移动 0.5mm；微分筒的外锥面上一圈均匀刻有 50 条标记，微分筒转一格，测微螺杆轴向移动 0.5mm/50 = 0.01mm，因此，分度值为 0.01mm。

利用外径千分尺测量工件尺寸时，具体读数步骤如下：

（1）校对零位。

（2）读出微分筒边缘在固定套管上露出标尺标记的整毫米数和半毫米数。

（3）数出微分筒上与固定套管上的基准线对齐或即将对齐的标尺标记，读出标记数值，将此读数值与标记分度值 0.01mm 相乘，所得结果与步骤 2 所读数值相加，即得到最后读取数值整数部分和小数点后第一、二位的数值部分。

（4）若微分筒上的标记与固定套管上的基准线正好对齐，则此时最后读取数值小数点后第三位的数值为零；若微分筒上的标记与固定套管上的基准线未对齐，则此时应对最后读取数值小数点后第三位的数值在 0.001 ~ 0.009 之间估值，该估值与步骤 3 相加后的数值再相加即为最后读取数值。

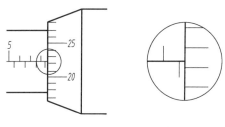

图 2-9　外径千分尺读数

读数举例：如图 2-9 所示，此外径千分尺的读值为 8.5mm + 22 × 0.01mm + 0.003mm = 8.723mm。

2.1.4　游标万能角度尺

1. 游标万能角度尺的结构和读数原理　游标万能角度尺是用来测量精密零件内外角度或进行角度划线的量具，如图 2-10 所示是 Ⅰ 型游标万能角度尺的结构。游标万能角度尺由刻有基本角度刻线的主尺和固定在扇形板上的游标尺组成，主尺标记每格为 1°，游标的刻线是取主尺的 29° 等分为 30 格，因此游标标记角格为 29°/30，即主尺与游标尺一格的差值为 2′，也就是说该游标万能角度尺的分度值为 2′。除此之外还有 5′和 30′两种分度值。扇形板可在主尺上回转（有制动器），形成了和游标卡尺相似的游标读数机构，因此其读数方法与游标卡尺完全相同。

游标万能角度尺的读数方法和游标卡尺一样，先读出游标零标记前的角度读数，再从游标尺上读出角度分的数值，两者相加就是被测零件的角度数值。游标万能量角尺的尺座上，基本角度的标记只有 0°～90°。如果测量的零件角度大于 90°，则在读数时，应加上基数（90°或 180°或 270°）。当零件角度为 90°～180°时，读数 = 90° + 游标尺读数；为 180°～270°时，读数 = 180° + 游标尺读数；为 270°～320°时，读数 = 270° + 游标尺读数。

2. 游标万能角度尺的使用方法

在游标万能角度尺上，基尺是固定在尺座上的，直角尺是用卡块固定在扇形板上的，直尺是用卡块固定在直角尺上的。若把直角尺拆下，也可把直尺固定在扇形板上，由于直角尺和直尺可以移动和拆换，因此，游标万能角度尺可以测量 0°～320°的任何角度，如图 2-11 所示。

用游标万能角度尺测量零件角度时，应使基尺与零件角度的母线方向一致，且零件应与量角尺的两个测量面的全长上接触良好，以免产生测量误差。

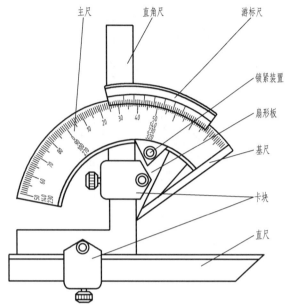

图 2-10　Ⅰ型游标万能角度尺结构

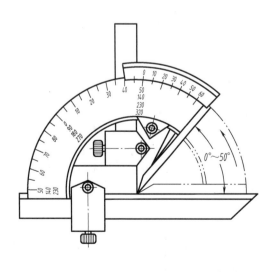

a) 直角尺和直尺全装时，可测量 0°～50°的外角度

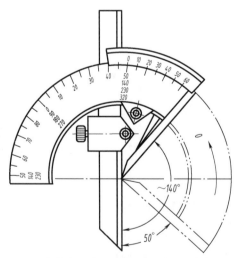

b) 仅装直尺时，可测量 50°～140°的角度

图 2-11　Ⅰ型万能角度尺的使用方法

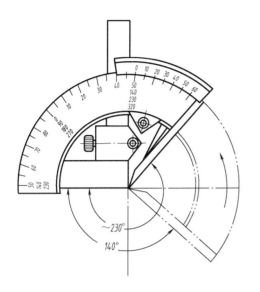 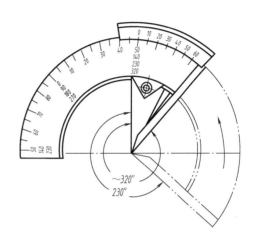

c) 仅装直角尺时,可测量 140°~230° 的角度   d) 直角尺和直尺全拆下时,可测量 230°~320° 的角度
（即可测量 40°~130° 的内角度）

图 2-11   Ⅰ型万能角度尺的使用方法（续）

2.2 常见结构测量

2.2.1 线性尺寸测量

线性尺寸可用钢直尺直接测量,也可用钢直尺与三角板配合测量;精度要求高的线性尺寸可用游标卡尺测量,线性尺寸测量如图 2-12 所示。

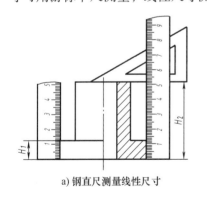 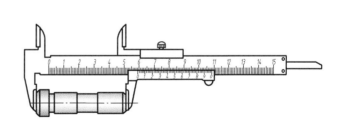

a) 钢直尺测量线性尺寸   b) 游标卡尺测量线性尺寸

图 2-12   线性尺寸测量

2.2.2 直径尺寸测量

通常用游标卡尺测量零件的内、外径尺寸,如图 2-13 所示;也可用内、外卡钳测量,如图 2-14 所示。使用卡钳测量外径时,应从零件上方并利用卡钳的自重下滑,划过零件外圆。测量内径时,将一个钳脚置于孔口处,并用左手固定,另一个钳脚置于孔的上边,并沿孔壁的圆周方向摆动,直至调整到合适程度为止。调整尺寸时可以敲击卡钳的内、外侧进行

调整，在调整卡钳的开口时，切记不要敲击卡钳的测量面而造成损伤，从而影响测量精度。

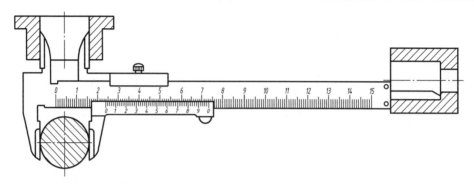

图 2-13　游标卡尺测量内径、外径和深度尺寸

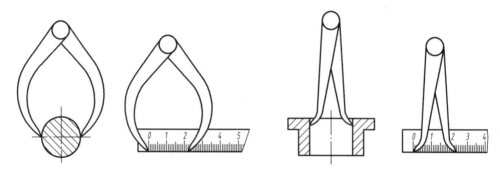

图 2-14　卡钳测量内径、外径尺寸

2.2.3　中心距测量

精度较低的中心距可用钢直尺和卡钳配合测量，如图 2-15 所示；精度较高的中心距可用游标卡尺测量，如图 2-16 所示。

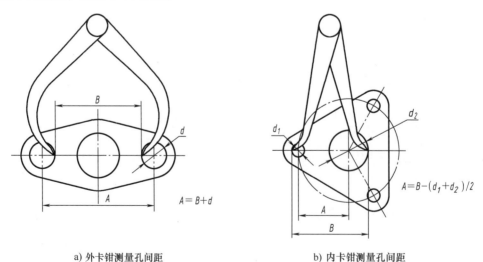

a) 外卡钳测量孔间距　　　　　　　b) 内卡钳测量孔间距

图 2-15　卡钳测量中心距

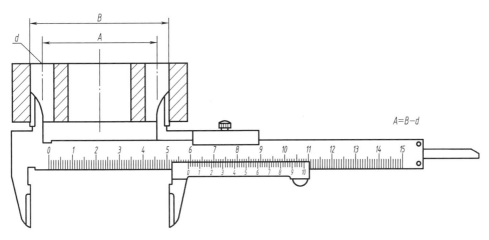

图 2-16　游标卡尺测量中心距

2.2.4　中心高测量

中心高可用钢直尺直接测量，也可用钢直尺和内、外卡钳配合测量，如图 2-17 所示。精度要求较高的中心高可用游标高度卡尺测量。

2.2.5　壁厚尺寸测量

零件的壁厚尺寸可用钢直尺或者用卡钳和钢直尺配合测量，也可用游标卡尺测量。如图 2-18 所示，先测量出尺寸 A 和尺寸 C，则壁厚尺寸 $B = A - C$。

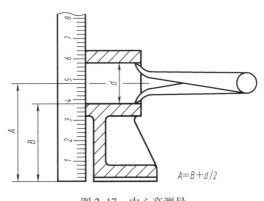

图 2-17　中心高测量

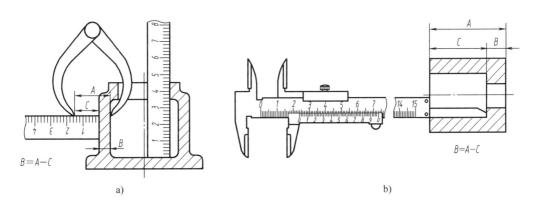

图 2-18　壁厚尺寸测量

2.2.6　螺纹尺寸测量

螺纹大径可用游标卡尺或钢直尺与外卡钳配合测量，螺距可用螺纹量规测量，没有螺纹量规时可用压痕法测量，采用压痕法时要多测几个螺距，然后取标准值，如图2-19所示。

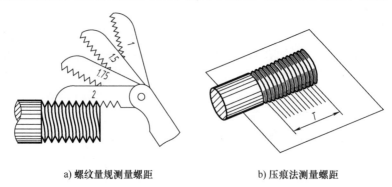

a) 螺纹量规测量螺距   b) 压痕法测量螺距

图2-19 螺纹尺寸测量

2.2.7 曲面的测定

在测定某些具有曲线轮廓的零件时，应设法测出该曲线轮廓的全部圆弧半径。其测定方法一般有拓印法、铅丝法（或样板法）。

1. 拓印法 在实际测绘工作中，对于测量精度要求不高的凸缘，可采用拓印法测绘。即将凸缘清洗干净后，在其表面涂上一层薄薄的红丹粉，将凸缘的形状拓印到白纸上（也可以用硬纸板和铅笔进行描印），如图2-20所示。然后在白纸上判定出曲线的圆弧连接情况，定出切点，找到各段圆弧中心，最后测量得到凸缘的几何尺寸。利用弦的中垂线可找出圆弧圆心，其作法如图2-21所示。从图中可以看出在圆弧上画12、23、45中的任意两段弦，分别作其垂直平分线，得交点，即为圆弧的圆心。

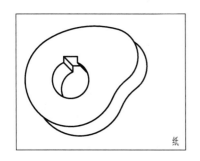

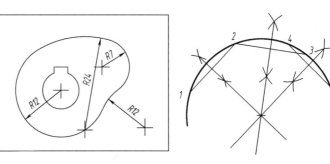

图2-20 拓印法   图2-21 圆弧圆心的作法

2. 铅丝法 对于轮廓精度要求不高的零件，将软铅丝贴合轮廓外形，然后轻轻地取出（注意保持形状不变），平放在白纸上面，用铅笔描绘出形状并进行尺寸测量。

2.2.8 测绘注意事项

零件的尺寸测量是测绘的重要步骤。测量尺寸时需注意以下几点：

（1）测量时应根据被测零件尺寸的特点和精度，选择相应的测量工具。例如，一般精度尺寸可直接采用钢直尺或内、外卡钳测量读出数值，而精度较高的尺寸则需要游标卡尺或千分尺测量。

（2）关键零件的尺寸和零件的重要尺寸，应反复测量若干次，直到数据稳定可靠。

（3）整体尺寸应直接测量，不能用中间尺寸叠加而得，草图上一律标注实测数据。

（4）有配合关系的尺寸，如孔与轴的配合尺寸，一般要用游标卡尺先测出直径尺寸（通常测量轴比较容易），再根据测得的直径尺寸查阅相关手册确定标准的公称尺寸或公称直径。

（5）没有配合关系的尺寸或不重要的尺寸，可将测得的尺寸圆整，见本章 2.3 节。

（6）零件上标准结构（如键槽、退刀槽、销孔、中心孔、螺纹、轮齿等）的尺寸，必须根据测得的尺寸查阅相应国家标准，并予以标准化。

（7）对于复杂零件，如果表达不清楚可以采用边测量边画放大图的方法，以便及时发现问题。

（8）测量数据的整理工作，特别是间接测量尺寸的整理应及时进行，并将换算结果记录在草图上。对重要尺寸的测量数据，在整理过程中如有疑问或发现矛盾和遗漏，应立即进行重测和补测。

（9）在测量过程中，要特别注意防止丢失小零件。在测量暂停和结束时，要注意零件的防锈。

2.3　测量尺寸的圆整与协调

由于存在加工误差和测量误差，零件测量时的实测尺寸往往不是整数。在绘制零件图时，从零件的实测尺寸推断原设计尺寸的过程称为尺寸圆整，包括确定公称尺寸、尺寸公差、极限与配合等。圆整的目的是为方便加工，常见尺寸圆整的方法有设计圆整法和测绘圆整法。测绘圆整法涉及极限与配合的确定。本节主要介绍最常用的圆整方法——设计圆整法，即以零件的实测尺寸为依据，参照同类或类似产品的配合性质及配合类别，确定公称尺寸和极限尺寸。设计圆整法又包括常规设计的尺寸圆整、非常规设计的尺寸圆整。

2.3.1　常规设计的尺寸圆整

常规设计是指标准化的设计，以方便设计制造和良好经济性为主，尺寸有互换性或系列化要求，例如安装、连接尺寸，有公差要求的配合尺寸，决定产品系列的公称尺寸等。常规设计所有尺寸圆整时，一般都应使其符合国家标准 GB/T 2822—2005 推荐的尺寸系列，该标准规定了 $0.01 \sim 20000$ mm 范围内机械制造业中常用的标准尺寸（直径、长度、高度等）系列，部分内容见表 2-2 和表 2-3。常规设计的尺寸圆整，是以精心测量的实测尺寸作为基本依据，优先选用 R'10、R'20、R'40 的顺序进行圆整。也就是说，可将全部实测尺寸圆整成整数，尤其对于配合尺寸更应该圆整成整数。

本标准不适用由主要尺寸导出的因变量尺寸、工艺上工序间的尺寸和已有相应标准规定的尺寸。当被测绘的样机是公制计量标准时，极限与配合应该符合我国现行标准 GB/T 1800.1—2020 和 GB/T 1800.2—2020。

表 2-2　1.0～10.0mm 标准尺寸系列（GB/T 2822—2005）　　　（单位：mm）

R10	R20	R'10	R'20	R10	R20	R'10	R'20
1.00	1.00	1.0	1.0	4.00	4.00	4.0	4.0
	1.12		**1.1**		4.50		4.5
1.25	1.25	**1.2**	**1.2**	5.00	5.00	5.0	5.0
	1.40		1.4		5.60		**5.5**
1.60	1.60	1.6	1.6	6.30	6.30	**6.0**	**6.0**
	1.80		1.8		7.10		**7.0**
2.00	2.00	2.0	2.0	8.00	8.00	8.0	8.0
	2.24		**2.2**		9.00		9.0
2.50	2.50	2.5	2.5	10.00	10.00	10.0	10.0
	2.80		2.8				
3.15	3.15	**3.0**	**3.0**				
	3.55		**3.5**				

注：R'系列中的黑体字，为 R 系列相应各项优先数的化整值。

表 2-3　10～100mm 标准尺寸系列（GB/T 2822—2005）　　　（单位：mm）

R10	R20	R40	R'10	R'20	R'40	R10	R20	R40	R'10	R'20	R'40
10.0	10.0		10	10			35.5	35.5		**36**	**36**
	11.2				**11**			37.5			**38**
12.5	12.5	12.5	**12**	**12**	**12**	40.0	40.0	40.0	40	40	40
		13.2			**13**			42.5			**42**
	14.0	14.0		14	14		45.0	45.0		45	45
		15.0			15			47.5			**48**
16.0	16.0	16.0	16	16	16	50.0	50.0	50.0	50	50	50
		17.0			17			53.0			53
	18.0	18.0		18	18		56.0	56.0		56	56
		19.0			19			60.0			60
20.0	20.0	20.0	20	20	20	63.0	63.0	63.0	63	63	63
		21.2			**21**			67.0			67
	22.4	22.4		22	**22**		71.0	71.0		71	71
		23.6			**24**			75.0			75
25.0	25.0	25.0	25	25	25	80.0	80.0	80.0	80	80	80
		26.5			**26**			85.0			85
	28.0	28.0		28	28		90.0	90.0		90	90
		30.0			30			95.0			95
31.5	31.5	31.5	**32**	**32**	**32**	100.0	100.0	100.0	100	100	100
		33.5			**34**						

注：1. 选择标准尺寸系列及单个尺寸时，应首先在优先数 R 系列中选择，并按 R10、R20、R40 的顺序，优先选用比较大的基本系列及其单值。

2. 如果必须将数值圆整，可在相应的 R'系列中选用标准尺寸，其优选顺序为 R'10、R'20、R'40。

3. R'系列中的黑体字，为 R 系列相应各项优先数的化整值。

例 2-1　实测一对配合孔、轴，孔的尺寸为 $\phi 50.023$mm，轴的尺寸为 $\phi 50.012$mm，测绘后圆整并确定尺寸公差。

解：（1）确定孔、轴公称尺寸。查表 2-3，可知孔和轴的实测尺寸数值都靠近 50，因此该配合的公称尺寸确定为 $\phi 50$mm。

（2）确定基准制。通过结构分析，确定该配合为基孔制。

（3）确定极限。由 50.012mm – 50mm = 0.012mm，查轴的基本偏差表，50mm 在 40～50 尺寸段，0.012mm 的偏差在基本偏差代号 k～m 范围内。

（4）确定公差等级。根据 3.1 节极限与配合的选用可知在满足使用要求的前提下，尽量选择较低等级，兼顾基孔制优先配合规则，将轴的极限偏差代号定为 k，公差等级定为 IT6 级。根据工艺等价性质，孔的公差比轴的低一个等级，将孔的公差等级定为 IT7。

综上选择，最后尺寸圆整，孔为 $\phi 50$H7（$^{+0.025}_{0}$），轴为 $\phi 50$k6（$^{+0.018}_{+0.002}$），配合 $\phi 50\dfrac{\text{H7}}{\text{k6}}$ 属于过渡配合。

2.3.2　非常规设计的尺寸圆整

公称尺寸和尺寸公差数值不一定都是标准化的尺寸，称为非常规设计尺寸。非常规设计尺寸圆整的一般原则是：

（1）性能尺寸、配合尺寸、定位尺寸在圆整时，允许保留到小数点后一位；个别重要的和关键性的尺寸允许保留到小数点后两位；其他尺寸保留整数。

（2）将实测尺寸的小数圆整为整数或带一、两位的小数。实践证明，尾数删除应采用四舍六入五单双法。即在尾数删除时，逢四以下舍，逢六以上进，遇五则以保证偶数的原则决定进舍。例如：①15.6 应圆整成 16（逢六以上进一）；②20.3 应圆整成 20（逢四以下舍去）；③23.5 和 24.5 都应圆整成 24（遇五则以保证圆整后的尺寸为偶数）。

> **注意：**
> ① 尾数的删除，应以删除的一组数来进行，而不得逐位地进行删除。例如：30.458，当保留一位小数时，应圆整为 30.4，而不应逐位圆整 30.458→30.46→30.5。
> ② 所有尺寸圆整时，都应尽可能使其符合国家标准推荐的尺寸系列值，尺寸尾数多为 0、2、5、8 及某些偶数值。

1. 轴向功能尺寸的圆整　轴向尺寸中的功能尺寸（例如参与轴向装配尺寸链的尺寸）圆整时，根据实测尺寸，考虑到制造和测量误差是由系统误差和随机误差构成的，又根据大批量生产中其随机误差分布符合正态曲线，故假定零件的实测尺寸位于零件公差带的中部，即当尺寸仅有一个实测值时，就可将该实测值当成公差中值。同时尽量将公称尺寸按表 2-2 和表 2-3 中所给尺寸系列圆整成整数，并保证所给公差等级在 IT9 以内。公差值采用单向或双向公差。当该尺寸在尺寸链中属孔类尺寸时，取单向正公差（如 $50^{+0.062}_{0}$mm），当该尺寸属于轴类尺寸时，取单向负公差（如 $50^{0}_{-0.062}$mm），当该尺寸属长度尺寸时采用双向公差 [如（50±0.031）mm]。

例 2-2　某传动轴的轴向尺寸参与装配尺寸链计算，实测值为 89.98mm，试将其圆整。

解：（1）查表 2-3 确定该轴的公称尺寸为 90mm。

（2）查标准公差数值表。公称尺寸至 3150mm 的标准公差数值见表 2-4。

表 2-4　公称尺寸至 3150mm 的标准公差数值（GB/T 1800.1—2020）

公称尺寸 /mm		标准公差等级																		
		IT01	IT0	IT1	IT2	IT3	IT4	IT5	IT6	IT7	IT8	IT9	IT10	IT11	IT12	IT13	IT14	IT15	IT16	IT17	IT18
大于	至	标准公差数值																		
		μm												mm						
—	3	0.3	0.5	0.8	1.2	2	3	4	6	10	14	25	40	60	0.1	0.14	0.25	0.4	0.6	1	1.4
3	6	0.4	0.6	1	1.5	2.5	4	5	8	12	18	30	48	75	0.12	0.18	0.3	0.48	0.75	1.2	1.8
6	10	0.4	0.6	1	1.5	2.5	4	6	9	15	22	36	58	90	0.15	0.22	0.36	0.58	0.9	1.5	2.2
10	18	0.5	0.8	1.2	2	3	5	8	11	18	27	43	70	110	0.18	0.27	0.43	0.7	1.1	1.8	2.7
18	30	0.6	1	1.5	2.5	4	6	9	13	21	33	52	84	130	0.21	0.33	0.52	0.84	1.3	2.1	3.3
30	50	0.6	1	1.5	2.5	4	7	11	16	25	39	62	100	160	0.25	0.39	0.62	1	1.6	2.5	3.9
50	80	0.8	1.2	2	3	5	8	13	19	30	46	74	120	190	0.3	0.46	0.74	1.2	1.9	3	4.6
80	120	1	1.5	2.5	4	6	10	15	22	35	54	87	140	220	0.35	0.54	0.87	1.4	2.2	3.5	5.4
120	180	1.2	2	3.5	5	8	12	18	25	40	63	100	160	250	0.4	0.63	1	1.6	2.5	4	6.3
180	250	2	3	4.5	7	10	14	20	29	46	72	115	185	290	0.46	0.72	1.15	1.85	2.9	4.6	7.2
250	315	2.5	4	6	8	12	16	23	32	52	81	130	210	320	0.52	0.81	1.3	2.1	3.2	5.2	8.1
315	400	3	5	7	9	13	18	25	36	57	89	140	230	360	0.57	0.89	1.4	2.3	3.6	5.7	8.9
400	500	4	6	8	10	15	20	27	40	63	97	155	250	400	0.63	0.97	1.55	2.5	4	6.3	9.7
500	630			9	11	16	22	32	44	70	110	175	280	440	0.7	1.1	1.75	2.8	4.4	7	11
630	800			10	13	18	25	36	50	80	125	200	320	500	0.8	1.25	2	3.2	5	8	12.5
800	1000			11	15	21	28	40	56	90	140	230	360	560	0.9	1.4	2.3	3.6	5.6	9	14
1000	1250			13	18	24	33	47	66	105	165	260	420	660	1.05	1.65	2.6	4.2	6.6	10.5	16.5
1250	1600			15	21	29	39	55	78	125	195	310	500	780	1.25	1.95	3.1	5	7.8	12.5	19.5
1600	2000			18	25	35	46	65	92	150	230	370	600	920	1.5	2.3	3.7	6	9.2	15	23
2000	2500			22	30	41	55	78	110	175	280	440	700	1100	1.75	2.8	4.4	7	11	17.5	28
2500	3150			26	36	50	68	96	135	210	330	540	860	1350	2.1	3.3	5.4	8.6	13.5	21	33

公称尺寸在 80～120mm 之间，公差等级为 IT9 的公差值为 0.087mm。

（3）取公差值 0.080mm。

（4）将实测值 89.98mm 当成公差中值，得圆整方案（90±0.04）mm。

（5）校核，公差值为 0.08mm，在 IT9 公差值以内且接近该公差值，并采用双向公差；实测值 89.98mm 接近（90±0.04）mm 的公差中值。故该圆整方案合理。

例 2-3　某传动轴的直径实测值为 ϕ124.95mm，试用设计圆整法圆整。

解：（1）查表 2-3 确定公称尺寸为 ϕ125mm。

（2）查标准公差数值表。在公称尺寸在 120～180mm 之间，公差等级为 IT9 的公差值为 0.100mm。

（3）取公差值 0.100mm。

（4）将实测值 ϕ124.95mm 当成公差中值，得圆整方案 $\phi125_{-0.10}^{0}$mm。

（5）校核，公差值为 0.10mm，在 IT9 公差值以内且接近该公差值，实测值 ϕ124.95mm

为 $125_{-0.10}^{0}$ mm 的公差中值。故该圆整方案合理。

2. 非功能尺寸的圆整　非功能尺寸即一般公差尺寸（线性尺寸的未注公差），它包括除功能尺寸外的所有轴向尺寸和非配合尺寸。

圆整这类尺寸，主要是合理确定公称尺寸，保证尺寸的实测值在圆整后的尺寸公差范围之内，并且圆整后的公称尺寸符合国家标准所规定的优先数、优先数系和标准尺寸，除个别情况外，一般不保留小数。对于另有其他标准规定的零件直径，如球体、滚子轴承、螺纹等，以及其他长度小的尺寸或小尺寸，在圆整时应参照有关标准。

例如：8.03 圆整为 8；30.08 圆整为 30；95.10 圆整为 95；149.96 圆整为 150；223.89 圆整为 224。

至于这类尺寸的公差即未注公差尺寸的公差等级一般规定为 IT12 ~ IT18。原来机床制造业规定为 IT14，航空工业规定为 IT13。

 **拓展园地**

"天下难事，必作于易；天下大事，必作于细。"测绘是一个相对烦琐而需要耐心的工作。扫描二维码观看"劳模精神"，学习劳模精神，踏实做事、勇于创新。

劳模精神

第3章 零件测绘技术条件

为保证零件预定的设计要求和使用性能，必须在零件图上标注或说明零件在加工制造过程中的技术要求，如极限与配合、表面粗糙度、几何公差以及热处理方面的要求等。

3.1 极限与配合的选用

1. 基准制配合的选用 实际生产中选用基孔制配合还是基轴制配合，要从机器的结构、工艺要求和经济性等方面考虑，一般情况下应优先选用基孔制配合。但若与标准件配合时，则应按标准件确定基准制配合。例如，与滚动轴承内圈配合的轴应选择基孔制配合；与滚动轴承外圈配合的孔应选择基轴制配合，在装配图中只标注与滚动轴承相配合零件的基本偏差代号和标准公差等级，如图 3-1 所示。

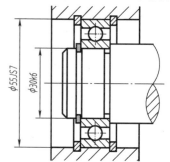

图 3-1 滚动轴承的标注

2. 标准公差等级的选择 标准公差等级的高低不仅影响产品的性能，还影响加工成本。因此选择原则是在满足零件使用要求的前提下，尽可能采用较低的标准公差等级，做到既合用又经济。标准公差等级的选择见附录 C。

由于标准公差等级较高时，孔较轴更难加工，因此当尺寸小于等于 500mm 时，通常使孔的标准公差等级比轴的标准公差等级低一级。在一般机械中（如机床、纺织机械等），重要的精密部位可选用 IT5、IT6；常用部位选用 IT6 ~ IT8；次要部位选用 IT8、IT9。

3. 常用和优先配合 正确选择配合能够保证机器高质量运转、延长使用寿命并使制造经济合理。选择配合时，可综合参考表 3-1 ~ 表 3-5。工况不同选择的配合方式不同，选择配合的影响因素见表 3-1；各种基本偏差的配合特性及应用举例见表 3-2；基孔制、基轴制的常用配合与优先配合见表 3-3 和表 3-4，从表中可知基孔制的常用配合有 59 种，其中优先配合有 13 种，基轴制的常用配合有 47 种，其中优先配合有 13 种；优先配合选用说明见表 3-5。

表 3-1 选择配合的影响因素

配合件影响因素		配合件的选择
相对运动	有相对运动	间隙配合
	运动速度较大	较大的间隙配合
受力大小	受力较小	间隙配合
	受力较大	过盈配合
定心精度	不高	可用基本偏差为 g 或 h 的间隙配合，不宜用过盈配合
	较高	过渡配合

（续）

配合件影响因素		配合件的选择
拆装频率	拆装频繁	较大的间隙配合
	拆装不频繁	较小的过盈配合
工作温度	与装配时温差较大	考虑装配时的间隙在工作时的变化量
生产情况	单件小批量生产	较大的间隙配合
	成批生产	较小的过盈配合

表3-2　各种基本偏差的配合特性及应用举例

配合	基本偏差	配合特性及应用举例
间隙配合	a(A)、b(B)	可得到特别大的间隙，应用很少。主要用于工作时温度高、热变形大的零件的配合，如发动机中活塞与缸套的配合为 H9/a9
	c(C)	可得到很大的间隙，一般用于工作条件较差（如农业机械）、工作时受力变形大及装配工艺性不好的零件的配合。若为了便于装配，而必须保证有较大间隙时，推荐配合为 H11/c11；其较高等级的配合 H8/c7 适用于轴在高温工作的紧密配合，如内燃机排气管和套管
	d(D)	多用于 IT7~IT11，适用于较松的间隙配合（如滑轮、空转的带轮与轴的配合）以及大尺寸滑动轴承与轴颈的配合（如涡轮机、球磨机等的滑动轴承）。活塞环与活塞槽的配合可用 H9/d9
	e(E)	多用于 IT6~IT9，具有明显间隙，通常用于易于转动的支承配合，如大跨距及多支点的转轴与轴承的配合，以及高速、重载的大尺寸轴和轴承的配合，如涡轮发电机、大型电动机及内燃机主要轴承处的配合为 H8/e7
	f(F)	多用于 IT6~IT8 一般转动的间隙配合，受温度影响不大，广泛用于普通润滑油润滑支承，如齿轮箱、小电动机等转轴与滑动轴承的配合为 H7/f6
	g(G)	多与 IT5~IT7 对应，形成配合的间隙较小，用于轻载精密装置中的转动间隙配合，用于插销的定位配合，滑阀、连杆销等处的配合，钻套孔多用 G
	h(H)	多用于 IT4~IT11，广泛用于无相对转动的零件，作为一般的定位配合。若没有温度、变形影响，也用于精密滑动间隙配合
过渡配合	js(JS)	多用于 IT4~IT7 具有平均间隙的过渡配合，用于略有过盈的定位配合，如联轴器，齿圈和轮毂的配合，滚动轴承外圈与外壳孔的配合多用 JS7，一般用手或木锤装配
	k(K)	多用于 IT4~IT7 平均间隙接近零的配合，用于定位配合，如滚动轴承的内、外圈分别与轴颈、外壳孔的配合，用木锤装配
	m(M)	多用于 IT4~IT7 平均过盈的较小配合，用于精密定位的配合，如蜗轮的青铜轮缘与轮毂的配合为 H7/m6
	n(N)	平均过盈比 m 轴稍大，很少得到间隙，适用于 IT4~IT7，用铜棒或压力机装配，通常用于加键传递较大转矩的配合，H6/n5 配合时为过盈配合

（续）

配合	基本偏差	配合特性及应用举例
过盈配合	p(P)	用于小过盈配合。与 H6 或 H7 的孔形成过盈配合，而与 H8 的孔形成过渡配合。碳钢和铸铁制零件形成的配合为标准压入配合，如绞车的绳轮与齿圈的配合为 H7/p6。合金钢制零件的配合需要小过盈时可用 p(P)
	r(R)	用于传递大转矩或受冲击负荷而需要加键的配合，如蜗轮与轴的配合为 H7/r6。H8/r8 配合在公称尺寸小于 100mm 时，为过渡配合
	s(S)	用于钢和铸铁零件的永久性和半永久性结合，可产生相当大的结合力，如套环压的轴、阀座上用 H7/s6 配合
	t(T)	用于钢和铸铁零件的永久性结合，不用键可传递转矩，需用热套法或冷轴法装配，如联轴器与轴的配合为 H7/t6
	u(U)	用于大过盈配合，最大过盈需验算。用热套法进行装配，如火车轮毂和轴的配合为 H6/u5
	v(V)、x(X) y(Y)、z(Z)	用于特大过盈配合，目前使用的经验和资料很少，需经试验后才能应用，一般不推荐

表 3-3　基孔制的常用配合与优先配合

基准孔	轴																		
	b	c	d	e	f	g	h	js	k	m	n	p	r	s	t	u	x	y	z
	间隙配合							过渡配合			过盈配合								
H6						$\frac{H6}{g5}$	$\frac{H6}{h5}$	$\frac{H6}{js5}$	$\frac{H6}{k5}$	$\frac{H6}{m5}$	$\frac{H6}{n5}$	$\frac{H6}{p5}$							
H7					$\frac{H7}{f6}$	▼$\frac{H7}{g6}$	▼$\frac{H7}{h6}$	▼$\frac{H7}{js6}$	▼$\frac{H7}{k6}$	▼$\frac{H7}{m6}$	▼$\frac{H7}{n6}$	▼$\frac{H7}{p6}$	$\frac{H7}{r6}$	▼$\frac{H7}{s6}$	$\frac{H7}{t6}$	$\frac{H7}{u6}$	$\frac{H7}{x6}$		
H8				$\frac{H8}{e7}$	▼$\frac{H8}{f7}$		$\frac{H8}{h7}$	$\frac{H8}{js7}$	$\frac{H8}{k7}$	$\frac{H8}{m7}$				$\frac{H8}{s7}$		$\frac{H8}{u7}$			
			$\frac{H8}{d8}$	▼$\frac{H8}{e8}$	$\frac{H8}{f8}$		$\frac{H8}{h8}$												
H9			$\frac{H9}{d8}$	▼$\frac{H9}{e8}$	$\frac{H9}{f8}$		$\frac{H9}{h8}$												
H10	$\frac{H10}{b9}$	$\frac{H10}{c9}$	▼$\frac{H10}{d9}$	$\frac{H10}{e9}$			▼$\frac{H10}{h9}$												
H11	▼$\frac{H11}{b11}$	▼$\frac{H11}{c11}$	$\frac{H11}{d10}$				$\frac{H11}{h10}$												

注：1. H6/n6 属于过渡配合。

　　2. H6/n5、H7/p6 在公称尺寸小于或等于 3mm 和 H8/r7 小于或等于 100mm 时，为过渡配合。

　　3. 标注▼的配合为优先配合。

表 3-4　基轴制的常用配合与优先配合

基准轴	孔																				
	A	B	C	D	E	F	G	H	JS	K	M	N	P	R	S	T	U	V	X	Y	Z
	间隙配合								过渡配合			过盈配合									
h5							G6/h5	H6/h5	JS6/h5	K6/h5	M6/h5	N6/h5	P6/h5								
h6						▼F7/h6	▼G7/h6	▼H7/h6	▼JS7/h6	▼K7/h6	▼M7/h6	▼N7/h6	▼P7/h6	▼R7/h6	▼S7/h6	T7/h6	U7/h6		X7/h6		
h7					E8/h7	▼F8/h7		▼H8/h7													
h8				D9/h8	▼E9/h8	F9/h8		▼H9/h8													
h9					E8/h9	▼F8/h9		▼H8/h9													
				D9/h9	▼E9/h9	F9/h9		▼H9/h9													
		▼B11/h9	C10/h9	▼D10/h9				▼H10/h9													

注：1. N7/h6 属于过渡配合。
　　2. 标注▼的配合为优先配合。

表 3-5　优先配合选用说明

优先配合		说　明
基孔制	基轴制	
$\dfrac{H11}{c11}$	$\dfrac{B11}{h9}$	间隙非常大，用于很松、转动很慢的间隙配合，要求大公差与大间隙的外露组件，要求装配方便的、很松的配合
$\dfrac{H9}{e8}$	$\dfrac{E9}{h9}$	间隙很大的自由转动间隙配合，用于精度为非主要要求时，或有大的温度变动、高转速或大的轴径压力时
$\dfrac{H8}{f7}$	$\dfrac{F8}{h7}$	间隙不大的转动间隙配合，用于中等转速与中等轴径压力的精确转动，也用于装配较易的中等定位配合
$\dfrac{H7}{g6}$	$\dfrac{G7}{h6}$	间隙很小的滑动间隙配合，用于不希望自由转动，但可自由转动和滑动并精密定位时，也可用于要求明确的定位配合
$\dfrac{H7}{h6}$、$\dfrac{H8}{h7}$、$\dfrac{H10}{h9}$	$\dfrac{H7}{h6}$、$\dfrac{H8}{h7}$、$\dfrac{H9}{h8}$、$\dfrac{H8}{h8}$、$\dfrac{H9}{h9}$	均为间隙配合，零件可自由装拆，而工作时一般相对静止不动。在最大实体条件下的间隙为零，在最小实体条件下的间隙由公差等级决定
$\dfrac{H7}{k6}$	$\dfrac{K7}{h6}$	过渡配合，用于精密定位

(续)

优先配合		说　明
基孔制	基轴制	
$\dfrac{H7}{n6}$	$\dfrac{N7}{h6}$	过渡配合，允许有较大过盈的更精密定位
$\dfrac{H7}{p6}$	$\dfrac{P7}{h6}$	过盈定位配合，即小过盈配合，用于定位精度特别重要时，能以最好的定位精度达到部件的刚性及对中的性能要求，而对内孔承受压力无特殊要求，不依靠配合的紧固性传递摩擦负荷
$\dfrac{H7}{s6}$	$\dfrac{S7}{h6}$	中等压入配合，适用于一般钢件，或用于薄壁件的冷缩配合，用于铸铁件可得到最紧的配合

4. 公差标注　在零件图上标注尺寸公差有三种形式：在公称尺寸之后标注公差带代号（多用于大批量生产的零件）；在公称尺寸之后标注上、下极限偏差数值（常用注法）；在公称尺寸之后同时标注公差带代号和上、下极限偏差数值。零件图上尺寸公差的标注如图3-2所示。

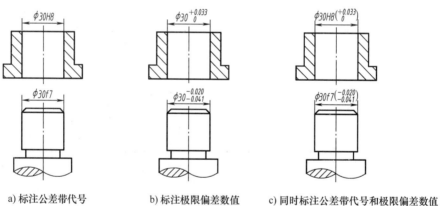

a) 标注公差带代号　　b) 标注极限偏差数值　　c) 同时标注公差带代号和极限偏差数值

图3-2　零件图上尺寸公差的标注

装配图上尺寸公差的标注如图3-3所示，在公称尺寸之后标注配合代号，采用分数形式标注。

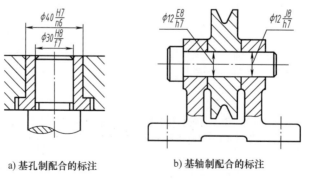

a) 基孔制配合的标注　　　b) 基轴制配合的标注

图3-3　装配图上尺寸公差的标注

3.2   几何公差的选择

为了保证零件的性能,除对尺寸提出尺寸公差要求外,还应对形状、方向、位置、跳动提出公差要求,使零件能正常使用。形状误差是指线和面的实际形状对其理想形状的变动量。位置误差是指点、线、面的实际方向和位置对其理想方向和位置的变动量。

在零件图中,几何公差应采用符号标注。当无法采用符号标注时,允许在技术要求中用文字说明。几何公差符号包括几何特征符号、附加符号、几何公差框格及指引线,几何公差数值和其他有关符号,以及基准符号等。几何特征符号包括形状公差、方向公差、位置公差和跳动公差,见表 3-6;附加符号见表 3-7。其标注方法详见 GB/T 1182—2018。

表 3-6   几何特征符号

公差类型	几何特征	符 号	有无基准	公差类型	几何特征	符 号	有无基准
形状公差	直线度	—	无	位置公差	位置度	⊕	有或无
	平面度	▱	无		同心度 (用于中心点)	◎	有
	圆度	○	无		同轴度 (用于轴线)	◎	有
	圆柱度	⌭	无		对称度	=	有
	线轮廓度	⌒	无		线轮廓度	⌒	有
	面轮廓度	⌓	无		面轮廓度	⌓	有
方向公差	平行度	∥	有	跳动公差	圆跳动	↗	有
	垂直度	⊥	有		全跳动	⌰	有
	倾斜度	∠	有				
	线轮廓度	⌒	有				
	面轮廓度	⌓	有				

表 3-7   附 加 符 号

说 明	符 号	说 明	符 号
被测要素	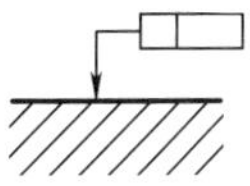	组合公差带	CZ
基准要素	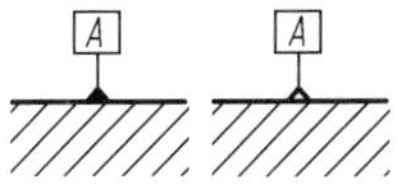	小径	LD

（续）

说　明	符　号	说　明	符　号
基准目标标识	⌀2/A1 (圆圈内)	大径	MD
理论正确尺寸（TED）	50 (方框内)	中径/节径	PD
最大实体要求	Ⓜ	延伸公差带	Ⓟ
最小实体要求	Ⓛ	任意横截面	ACS
自由状态（非刚性零件）	Ⓕ	全周（轮廓）	⊙←●
包容要求	Ⓔ		

　　几何公差框格的画法如图 3-4 所示，框格用细实线画出，按需要分成两格或多格；框格中的符号、字母和数字与图中尺寸数字等高；指引线直接指到有关的被测要素。其中，几何公差基准符号如图 3-5 所示。

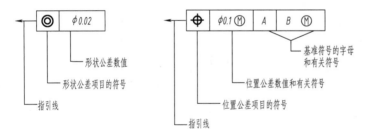

图 3-4　几何公差框格的画法

图 3-5　几何公差基准符号

3.3　表面粗糙度的确定

　　表面粗糙度是指零件表面具有较小间距的峰、谷所组成的微观几何形状特性，它是由于切削加工过程中的刀痕、切屑分裂时的塑性变形、刀具与工件表面的摩擦及制造设备的高频振动等原因形成的。它对零件接触面的摩擦、运动面的磨损、贴合面的密封、配合面的性能稳定及疲劳强度、耐蚀性、表面涂层的质量、产品外观等都有较大的影响。因此，在测绘中正确确定被测零件的表面粗糙度是一项重要内容。

　　表面粗糙度确定的一般原则：

　　（1）工作表面比非工作表面光滑。

　　（2）摩擦表面比非摩擦表面光滑。

　　（3）对间隙配合，间隙越小要求表面越光滑。

（4）对过盈配合，载荷越大要求表面越光滑。

（5）密封性、耐蚀性或装饰性要求高的表面要求光滑。

表面粗糙度值的确定主要根据不同的应用场合、加工方法确定。课程中测绘的模型表面质量比真实表面质量要求低，通常可采用类比法确定，具体可参阅表3-8、表3-9的内容。

表 3-8　不同表面结构的外观情况、加工方法与应用举例

Ra（不大于）/μm	表面外观情况	主要加工方法	应 用 举 例
50	明显可见刀痕	粗车、粗铣、粗刨、钻、粗纹锉刀和粗砂轮加工	表面粗糙度值最大的加工面，一般很少应用
25	可见刀痕		
12.5	微见刀痕	粗车、刨、立铣、平铣、钻	不接触表面、不重要的接触面，如螺纹孔、倒角、机座底面等
6.3	可见加工痕迹	精车、精铣、精刨、铰、镗、精磨等	没有相对运动的零件接触面，如箱、盖、套筒等要求紧贴的表面，键和键槽工作表面；相对运动速度不高的接触面，如支架孔、衬套、带轮轴孔的工作面等
3.2	微见加工痕迹		
1.6	不可见加工痕迹		
0.8	可辨加工痕迹方向	精车、精铰、精拉、精镗、精磨等	要求密合很好的接触面，如滚动轴承配合的表面、锥销孔等；相对运动速度较高的接触面，如滑动轴承的配合表面、齿轮的工作表面等
0.4	微辨加工痕迹方向		
0.2	不可辨加工痕迹方向		
0.1	暗光泽面	研磨、抛光、超级精细研磨等	精密量具的表面，重要零件的摩擦面，如气缸的内表面、精密机床的主轴颈、坐标镗床的主轴颈等
0.05	亮光泽面		
0.025	镜状光泽面		
0.012	雾状镜面		
0.006	镜面		

表 3-9　典型零件的表面结构数值选择

表面特征	部　位	轮廓的算术平均偏差 Ra 的数值/μm		
滑动轴承的配合表面	表面	公差等级		液体摩擦
		IT7～IT9	IT11～IT12	
	轴	0.2～3.2	1.6～3.2	0.1～0.4
	孔	0.4～1.6	1.6～3.2	0.2～0.8
非密封的轴颈表面	密封方式	轴颈表面的速度		
		≤3m/s	≤5m/s	>5m/s	≤4m/s
	橡胶	0.4～0.8	0.2～0.4	0.1～0.2	—
	毛毡	—	—	—	0.4～0.8
	迷宫	1.6～3.2		—
	油槽	1.6～3.2		—

(续)

表面特征	部 位	轮廓的算术平均偏差 Ra 的数值/μm		
圆锥结合	表面	密封结合	定心结合	其他
	外圆锥表面	0.1	0.4	1.6 ~ 3.2
	内圆锥表面	0.2	0.8	1.6 ~ 3.2
螺纹	类别	螺纹公差等级		
		IT4	IT5	IT6
	粗牙普通螺纹	0.4 ~ 0.8	0.8	1.6 ~ 3.2
	细牙普通螺纹	0.2 ~ 0.4	0.8	1.6 ~ 3.2
键结合	结合类型	键	轴槽	毂槽
	工作表面 沿毂槽移动	0.2 ~ 0.4	1.6	0.4 ~ 0.8
	工作表面 沿轴槽移动	0.2 ~ 0.4	0.4 ~ 0.8	1.6
	工作表面 不移动	1.6	1.6	1.6 ~ 3.2
	非工作表面	6.3	6.3	6.3

3.4 材料及热处理的确定

3.4.1 零件金属材料的确定

测绘中，对于一般用途的零件，可参照同类零件选取或查阅手册确定。但测绘模型所用的材料，为了轻便常采用铝合金材料，而图样中必须合理地反映零件的真实材料，常用金属材料的特点及应用举例见表3-10，金属材料可根据该表进行选取。

表 3-10 常用金属材料的特点及应用举例

牌 号	特 点	应用举例	说 明
灰铸铁			
HT100	铸造性能好，工艺简便，应力小，减振性好，无须人工时效处理	用于制造载荷小、无特殊磨损要求的零件，如盖、手轮、底板、手柄等	
HT150	铸造性能好，工艺简便，应力小，减振性好，无须人工时效处理，但有一定的机械强度	用于制造中等应力和摩擦、磨损的零件，如机床底座、齿轮箱、刀架等	"HT"表示灰铸铁，符号后面的数字表示最小抗拉强度（MPa）
HT200 HT250	强度较高，耐磨性、耐热性、减振性较好，但需人工时效处理	用于制造较大应力和摩擦、磨损并有气密性和耐磨性要求的零件，如泵体、阀体、活塞、带轮、阀套、轴承盖等	
HT300 HT350	强度较高、耐磨性较好，但铸造性能较差，需人工时效处理	用于制造高应力和摩擦、磨损并有高气密性和耐磨性要求的零件，如重型机床床身、重载齿轮、主轴箱、曲轴、缸体等	

（续）

牌　号	特　点	应用举例	说　明
铸钢			
ZG200-400	低碳铸钢，韧性及塑性均好，但强度和硬度较低；焊接性好，但铸造性差	机座、变速器壳体等受力不大但对韧性要求高的零件	"ZG" 表示铸钢，第一组数字表示屈服强度（MPa）最低值，第二组数字为抗拉强度（MPa）
ZG230-450		用于载荷不大、韧性较好的零件，如轴承盖、底板、阀体、机座、箱体等	
ZG270-500	中碳铸钢，有一定的韧性及塑性，强度和硬度较高，可加工性良好，焊接性尚可，铸造性比低碳铸钢好	应用广泛，用于制作飞轮、工作缸、机架、气缸、轴承座、连杆、箱体等	
ZG310-570		用于承受重载荷零件，如联轴器、大齿轮、缸体、机架、制动轮、轴等	
ZG340-640	高碳铸钢，具有高强度、高硬度及高耐磨性，但塑性、韧性较低，铸造焊接性较差	起重运输机齿轮、联轴器、齿轮、车轮、棘轮等	
碳素结构钢			
Q195	低碳钢	用于承受轻载荷的机件、铆钉、螺钉、垫片、焊接件等	"Q" 表示钢材屈服强度，"屈" 字汉语拼音首位字母，符号后面的数字表示屈服点数值（MPa），同一钢号下分质量等级，用 A、B、C、D 表示，品质依次下降，例如 Q235A
Q215			
Q235		螺栓、螺钉、螺母、拉杆、轴等	
优质碳素结构钢			
08F	低碳钢，塑性好，焊接性好，强度低，硬度低	垫片、垫圈、管子、摩擦片等	数字表示钢中碳的质量万分数，例如："45" 表示碳的质量分数为 0.45%，数字依次增大，表示抗拉强度、硬度依次增大，断后伸长率依次下降。当锰的质量分数为 0.7% ~ 1.2% 时，需注出 "Mn"
10		拉杆、卡头、垫片、垫圈等	
15			
25	高强度，韧性好	轴、滚子、联轴器、螺栓等	
30		曲轴、轴销、连杆、横梁等	
35		连杆、圆盘、轴销、轴等	
40		齿轮、链轮、轴、键、销、活塞杆等	
45			
65Mn	硬度高	大尺寸的各种扁、圆弹簧，如座板簧等	
65		螺旋弹簧、板簧、弹性垫圈、量具、模具等	
70			

（续）

牌　号	特　点	应用举例	说　明
合金结构钢			
Q345（16Mn）	低合金高强度结构钢，强度高于低碳钢，有足够的塑性和韧性	小齿轮、小轴、钢套、链板	钢中加合金元素以增强基体性能，合金元素符号前的数字是以平均万分数表示的碳的质量分数，符号后面的数字是以名义百分数表示的合金元素的质量分数，当质量分数小于1.5%时，仅注出元素符号
35CrMo 40Cr	中碳合金钢，调质处理后具有良好的综合力学性能	曲轴、齿轮、高强度螺栓、连杆等	
20CrNi 20CrMnTi	合金渗碳钢，经表面渗碳处理后耐磨性好	活塞销、齿轮、轴等	
50CrV	合金弹簧钢，经热处理后具有较高的弹性和足够的韧性	板簧、缓冲卷簧等	
GCr15 GCr15SiMn	滚动轴承钢，具有高强度、高硬度、耐磨性和一定的耐蚀性	滚动轴承的内圈、外圈、滚动体等	
加工黄铜、铸造铜合金			
H62（代号）		散热器、垫圈、弹簧、螺钉等	"H"表示普通黄铜，数字表示铜的平均质量分数
ZCuZn38Mn2Pb2 ZCuSn5Pb5Zn5 ZCuAl10Fe3	具有优良的导电性、导热性，较强的抗大气腐蚀性和一定的力学性能、良好的加工性，强度低	铸造黄铜：用于轴瓦、轴套及其他耐磨零件 铸造锡青铜：用于承受摩擦的零件，如轴承 铸造铝青铜：用于制造蜗轮、衬套、耐蚀性零件	"ZCu"表示铸造铜合金，合金中其他主要元素用化学元素符号表示，符号后面的数字表示该元素的平均质量分数
铝及铝合金、铸造铝合金			
1060 1050A 2A12 2A13	具有优良的导电性、导热性，强度不高，塑性好，还具有良好的耐大气腐蚀性	适用于制作储槽、塔、热交换器，防止污染及深冷设备 适用于中等强度的零件，焊接性好	第一位数字表示铝及铝合金的组别，1×××组表示纯铝（其铝质量分数大于99.00%），其最后两位数字表示最低铝的质量分数中的小数点后面的两位。2×××组表示以铜为主要合金元素的铝合金，其最后两位数字无特殊意义，仅用来表示同一组中不同铝合金。第二位字母表示原始纯铝或铝合金的改型情况
ZAlCu5Mn （代号ZL201） ZAlMg10 （代号ZL301）	熔点低、流动性好，可铸造各种形状复杂而承载不大的铝件	砂型铸造：工作温度为175～300℃的零件，如内燃机缸盖、活塞 在大气或海水中工作，承受冲击载荷、外形不太复杂的零件，如舰船配件、氨用泵体	"ZAl"表示铸造铝合金，合金中的其他元素用化学元素符号表示，符号后面的数字表示该元素平均质量分数，代号中的数字表示合金序列代号和顺序号

3.4.2 零件非金属材料的确定

除金属材料以外的其他材料统称为非金属材料，一般分为高分子材料、硅酸盐材料和复合材料三大类。非金属材料资源丰富，成形工艺简单，又具有一定的特殊性能，应用非常广泛。这里简单介绍几类用于制作密封、防振缓冲件的材料。

1. 工业用毛毡（FZ/T 25001—2012） 工业用毛毡有细毛、半粗毛、粗毛等种类，用于制作密封、防振缓冲衬垫。

2. 工业用橡胶板（GB/T 5574—2008） 工业用橡胶板具有耐溶剂介质膨胀性能，可在一定温度的润滑油、变压器油、汽油等介质中工作，用于制作各种形状的垫圈。

3. 软钢纸板（QB/T 2200—1996） 软钢纸板用于制作零件联接处的密封垫片。

3.4.3 金属材料的热处理

热处理是指将钢在固态下加热到预定温度，保温一段时间，然后以预定的方式冷却，从而得到所需性能的一种加工工艺。热处理对于金属材料力学性能的改善与提高有显著作用。因此在设计机器零件时常提出热处理要求。如轴类零件一般进行调质处理 42~45HRC，齿轮轮齿部分需要进行淬火处理等。常用热处理和表面处理的方法及应用见表 3-11。

表 3-11 常用热处理和表面处理的方法及应用

热处理方法	说 明	应 用
退火	将钢件加热到适当温度保温一段时间，然后缓慢冷却（随炉冷却）	1. 用来消除铸、锻、焊零件内应力 2. 降低硬度，便于切削加工 3. 细化及均匀组织，增加韧性
正火	将钢件加热到临界温度以上，保温一段时间，然后在空气中冷却（冷却速度比退火快）	用来处理低碳和中碳结构钢及渗碳件，使其组织细化，增加强度和韧性，改善低碳钢的可加工性
淬火	将钢件加热到临界温度以上，保温一段时间然后在水或油中（个别合金钢在空气中）快速冷却，使材料得到高硬度	用来提高钢的硬度和强度极限，但同时会引起内应力增加使钢变脆（甚至会引起开裂和变形），因此淬火后必须回火
回火	回火是将淬硬的钢件加热到临界点以下的温度，保持一段时间然后在空气中或油中冷却下来	用来消除淬火后的脆性和内应力，提高钢的塑性和冲击韧度。低温回火（150~250℃），适用于工具、刀具、模具等要求高硬度的材料。高温回火（500~650℃），见"调质"
调质	淬火后在 450~650℃进行高温回火，称为调质	用来使钢获得高韧性和足够的强度，重要齿轮、轴、丝杠、复杂受力构件要进行调质处理
火焰淬火 高频感应淬火	用火焰或高频电流将零件表面迅速加热至临界温度以上，之后急速冷却	使零件表面获得高硬度，但心部仍保持一定韧性，使零件既耐磨又能受冲击
渗碳淬火	在渗碳剂中将钢加热到 900~950℃，停留一定时间，将碳渗入钢表面深度 0.5~2mm，再淬火然后回火	增加钢件耐磨性、疲劳强度，适用于低碳（C 的质量分数小于 0.3%）结构钢的中小型零件

（续）

热处理方法	说　明	应　用
渗氮	渗氮是在 500～600℃ 通入氨气的炉子内加热，向钢的表面渗入氮的过程。渗氮层为 0.025～0.8mm，渗氮时间为 40～50h	增加钢件的耐磨性、表面硬度、疲劳强度和耐蚀性。用于在腐蚀性气体、液体介质中工作并有耐磨性要求的零件
时效	低温回火后，精加工之前，加热到 100～160℃，保持 10～40h。对铸件也可用天然时效（放在露天环境中一年以上）	使工件消除内应力和稳定形状，用于量具、精密丝杠、导轨等
发蓝发黑	将金属零件放在很浓的碱和氧化剂溶液中加热氧化，使金属表面形成一层氧化膜所组成的保护性薄膜	防腐蚀，美观，用于光学电子类零件或机械零件

 **拓展园地**

　　零件的几何公差、表面粗糙度对零部件功能和装配体有很大影响，零件测绘、加工等需要工程技术人员做到精益求精。扫描二维码观看"大国工匠：大技贵精"，学习榜样，促进未来职业成长。

大国工匠：大技贵精

第4章　典型零件测绘

4.1　零件测绘草图的绘制

4.1.1　零件的分类

任何机器或部件都是由若干零件装配而成。根据零件在机器和部件中的作用，可将其分成三大类：

1. 一般零件　一般零件可分为轴套类、轮盘类、叉架类和箱体类等，这类零件需要测绘画出零件图。

2. 常用零件　如齿轮、蜗轮、蜗杆、弹簧等，这类零件在机器中应用广泛，某些结构要素已标准化，对结构形状参数及画法有严格的规定。画零件图时，可查阅相关标准。

3. 标准零件　如螺栓、螺母、垫圈、键、销、滚动轴承、油标、密封圈、螺塞等，这些零件主要起联接、支承、油封等作用。它们的结构形状、尺寸大小已标准化，可查阅相关标准，一般不需要画出零件图。只要将其公称尺寸和主要尺寸测量出来，查阅相关设计手册，确定出规格、代号、标注方法和材料等，然后填入机器装配图明细栏中即可。

4.1.2　零件草图的绘制要求

零件草图是指在现场条件下，不用尺规等专用绘图工具，目测实物的大概尺寸和比例，按国家标准规定的画法徒手绘制的图样。通常在现场测绘、讨论设计方案、技术交流时需要绘制草图，所以徒手绘制草图是工程技术人员应具备的一项重要的绘图技能。

特别注意，草图并不等于潦草，所画图线要求线型分明，字体工整，符合国家标准；图样表达完整清晰、尺寸标注正确，零部件间的尺寸公差、几何公差、表面粗糙度的选择也要合理、正确，并且需在标题栏内填写零件名称、材料、数量、图号、重量等内容。

根据零件草图绘制要求可以看出，零件草图和零件图的内容要求完全相同，区别仅在于草图是目测比例和徒手绘制。在草图中，图形各部分之间的比例关系尽管不作严格要求，但也应大体符合实物各部分之间的比例。

4.1.3　草图图样的选用

草图的绘制可以在白纸上也可以在坐标纸（方格纸）上进行。通常由于在测绘现场没有良好的绘图环境，为了加快绘制草图的速度，提高图面质量，最好利用专用的坐标纸。当测绘现场没有坐标纸时，可在厚一些的白纸上绘制草图。绘制草图时一般使用 HB 或 B 型铅笔。

4.1.4　草图的绘制步骤

机械制图综合实训仅 5 天时间，草图的绘制步骤和实际工况稍有区别，参加工作后请按实际要求操作。

1. 绘制草图前的准备工作

（1）确定零部件测绘的顺序。机器拆卸后，按部件和组件，逐一测绘所有零件。基体件是机器装配的核心，通常其他零部件需要安装于其上，其形状和结构一般都比较复杂，与其他零件相关的尺寸也较多，一般多为铸件、模锻件、压铸件、注塑件等，如底座、壳体、泵体等，最好优先测绘。对一些重要的轴类零件，如柴油机上的曲轴、凸轮轴和机床的主轴等，也应优先进行测绘。优先测量完重要零件后按照装配关系依次测量其他零件。

（2）分析零件的结构、用途和加工方法。测绘前，还应了解清楚被测绘零件在机器中的安装部位、作用、与其他零件间的相互关系等，鉴别和判断零件的材料。详细观察零件外形和内部结构，分析零件是由哪些基本几何体组成。同时考虑零件的加工方法与工艺性，此外还要给零件一个恰当的命名。

2. 绘制草图的步骤

为保证绘图质量、提高绘图效率，绘制草图前要完全熟悉零件的每一个特征，不要看一点画一点。绘制草图可按以下顺序进行：

（1）根据零件特征确定合适的表达方案。选图原则是表达完整清晰、视图简单。表达方案确定后，根据零件形状和尺寸选择绘图比例并确定图样幅面，绘图比例应从国家标准规定的比例系列中选择，同时兼顾视图的完整清晰及标注尺寸不困难。

（2）绘制零件的主要对称中心线、轴线、基准面等，确定视图位置。

（3）先画零件的主要部分（大形体），再画次要部分（小形体），最后画细节部分（如倒角、圆角、退刀槽、凸台、凹坑、锥顶角等）并仔细检查不要遗漏；从整体到局部，从外到内完成各视图的底稿。

（4）分析零件加工工艺、结构特征以确定零件尺寸基准，按照正确、完整、清晰的基本要求，尽可能合理地绘制所有尺寸（定位尺寸、定形尺寸、整体尺寸等）的尺寸界线和尺寸线、尺寸箭头，为后续集中测量添加尺寸数字作好准备。**需要注意的是，尺寸线完成后要仔细校对，检查是否有遗漏和不合理的地方，进一步修改完善。**

（5）用量具测量零件尺寸，并将实测值添加到草图上。

（6）确定各配合表面的尺寸公差、几何公差，各表面的表面粗糙度和零件的材料并进行尺寸圆整。

（7）绘制剖面线，填写标题栏和技术要求等。

最后全部校核一次，签名确认。

4.2　轴套类零件测绘

4.2.1　轴套类零件视图表达

轴套类零件是机器和部件中常用的典型零件，轴套类零件包括传动轴、支承轴、各类套等，起支承或传递动力的作用，同时又通过轴承与机器的机架联接。它们的基本形状是同轴回转体，主要工序在车床、磨床上进行加工。通常其长度大于直径，其中套类零件壁厚较薄，易变形。根据其功用和工艺要求，轴套类零件上常有键槽、倒角、轴肩、退刀槽、中心孔、螺纹等结构要素。

　　轴套类零件的主视图画成水平位置，即轴线水平横放，符合车削和磨削的加工位置，便于工人看图。一般只用一个主视图来表示轴或套上各段阶梯长度及各种结构的轴向位置，键槽、孔和一些细部结构可采用断面图、局部视图、局部剖视图、局部放大图来表示，泵轴零件图如图 4-1 所示。

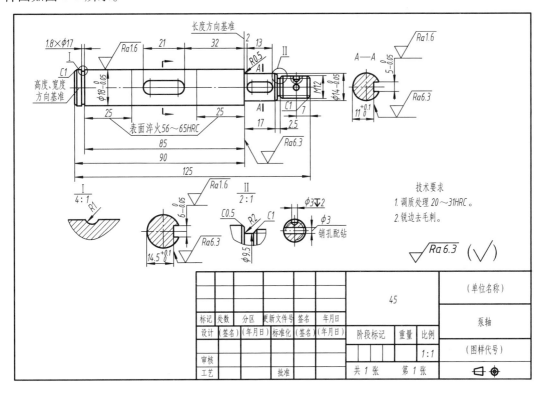

图 4-1　泵轴零件图

上面泵轴的图样表达使用了局部放大图和移出断面图，其分析见表 4-1。

表 4-1　泵轴局部放大图和移出断面图分析

视　　图	表达方法要点分析
局部放大图	1. 同一视图需要对多处进行局部放大时要用大写罗马数字依次标明被放大的部位，并在局部放大图的上方标出相应的罗马数字和所采取的比例，而且比例无须一致，根据需要选择符合国家标准的比例即可 2. 局部放大图可画成视图、剖视图或断面图，它与被放大部位所采用的表达方式无关；且局部放大图最好放置在需放大部位的周围
移出断面图（a、b）	1. 键槽的移出断面图，键槽处不绘制外圆的投影 2. 键槽的移出断面图需绘制剖切符号表示剖切位置；如果键槽结构非对称则需绘制箭头表明投射方向，如图 a；如果断面图按投射对应关系配置在基本视图位置，则可省略表明投射方向的箭头，如图 b 3. 图 a 断面图配置在剖切符号延长线上（即断面图中心线与剖切线长对正），所属关系明确，无须标注图名（字母）

（续）

视　图	表达方法要点分析
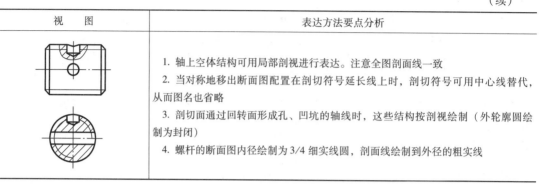	1. 轴上空体结构可用局部剖视进行表达。注意全图剖面线一致 2. 当对称地移出断面图配置在剖切符号延长线上时，剖切符号可用中心线替代，从而图名也省略 3. 剖切面通过回转面形成孔、凹坑的轴线时，这些结构按剖视绘制（外轮廓圆绘制为封闭） 4. 螺杆的断面图内径绘制为3/4细实线圆，剖面线绘制到外径的粗实线

注：1. 移出断面图的轮廓线用粗实线绘制。

　　 2. 本例泵轴零件图中没有涉及的其他知识点参见《机械制图》教材相关章节内容。

　　套类零件为空体结构，主视图轴线横放，符合加工位置。一般多采用剖视图，局部结构配有断面图和局部放大图进行表达，如图4-2所示为柱塞套零件图。

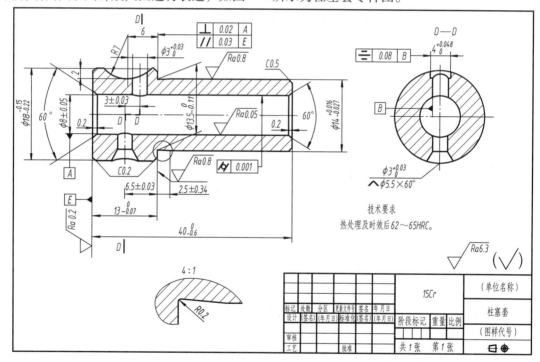

图4-2　柱塞套零件图

4.2.2　轴的尺寸标注

　　零件图上的尺寸是制造和检验零部件的关键，所以零件的尺寸标注要做到正确、完整、清晰、合理。这就需要在尺寸标注时综合考虑设计基准和工艺基准。但由于零件的结构各不相同，批量也有多有少，加工设备、加工方法也可能因地而异，因此在选择基准，进行尺寸标注时，也可能不完全一样，需要结合具体情况进行具体分析。特别要听取直接参加生产的工人师傅的意见，以便使图样上的尺寸标注更切合生产实际。以图4-1所示泵轴零件图为例介绍尺寸标注与加工工艺之间的关系，后续其他类零部件同理，不再赘述。

由于泵轴上相关零部件都与轴相配合，因此轴线就是设计基准；加工轴时两端用顶尖支撑，因此轴线也是工艺基准，这样设计基准与工艺基准相重合，加工时容易达到设计尺寸的要求。由此可见，轴线是高度和宽度方向的主要基准。根据设计及工艺要求，长度方向的主要基准是安装的主要端面（轴肩），轴的两端一般作为测量基准。

尺寸标注不仅要符合设计要求，还要考虑加工顺序，以及是否便于测量、检验。标注尺寸时，轴的主要尺寸应首先注出，其余多段长度尺寸应该按加工顺序标注；加工时，轴上的局部结构多数就近轴肩定位。泵轴的加工次序与尺寸标注的关系见表 4-2。

表 4-2　泵轴的加工次序与尺寸标注的关系

加工次序图与尺寸标注	工位和加工次序说明
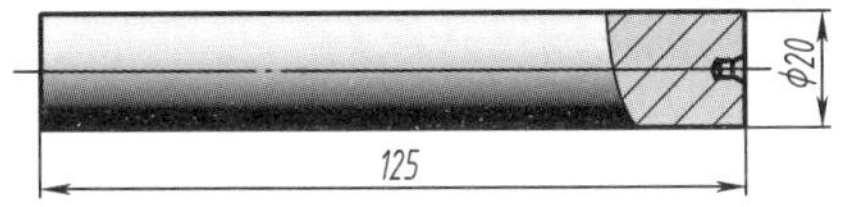	取 φ20mm 圆棒料，落料；车两端面，保证轴长 125mm；参照国标 GB/T 145—2001 钻中心孔，用于顶尖定位
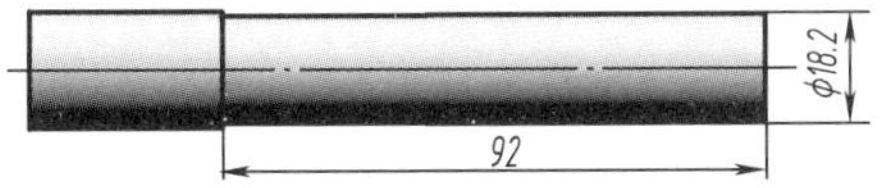	车轴右段 φ18.2mm，长度 92mm；比标注尺寸大 0.2mm 是留余量以便于后面精加工
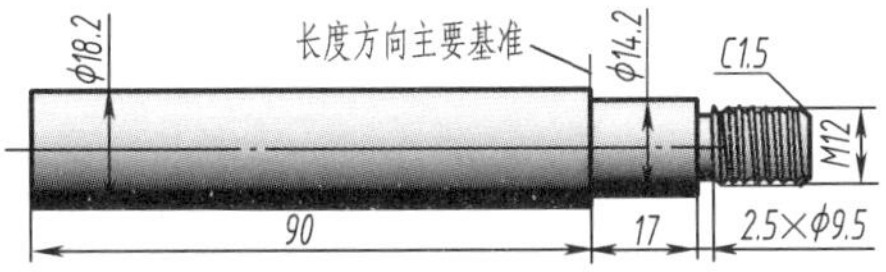	调头，车轴左段 φ14.2mm。加工中保证 φ18.2mm 轴的长度 90mm 和与齿轮轮毂长度相配合的尺寸 17mm。加工退刀槽 2.5mm × φ9.5mm；车螺纹 M12；倒角 C1.5
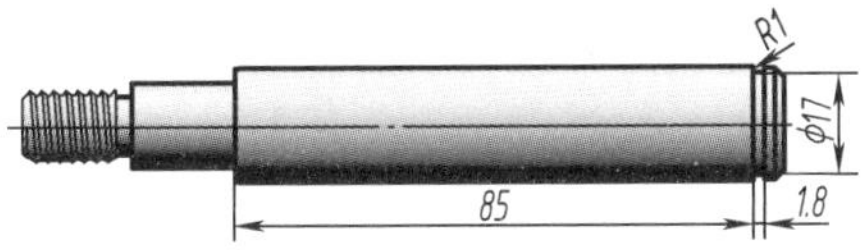	再调头，车钢丝挡圈槽 1.8mm × φ17mm，保证长度 85mm，基准为轴肩
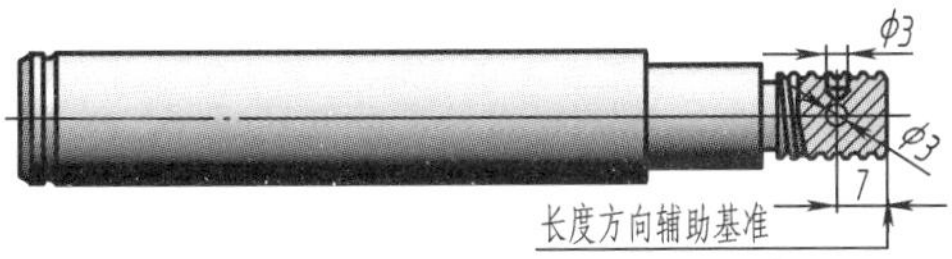	再调头，以轴的右端面为辅助基准，距离 7mm 处钻 φ3mm 的开口销孔和不通孔
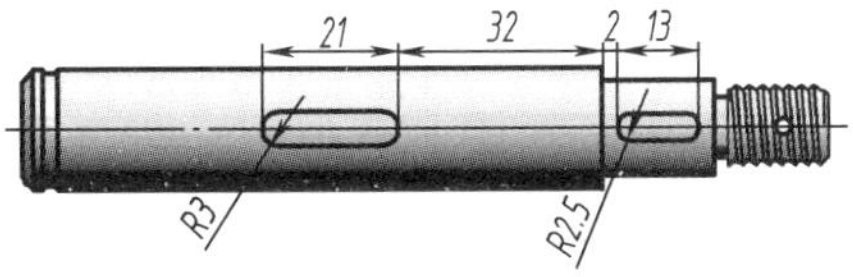	根据国标 GB/T 1095—2003 确定平键键槽尺寸，选择轴肩为定位基准铣键槽。键槽尺寸标注在图 4-1 移出断面图中
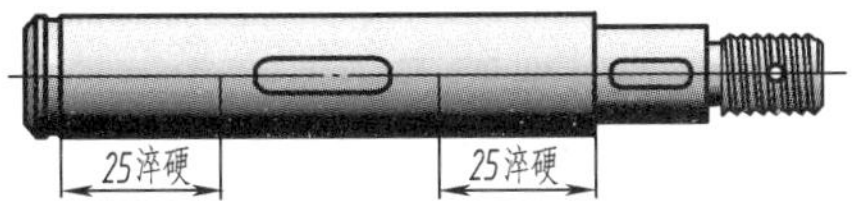	高频感应淬火提高轴两端各 25mm 部分的强度与韧性
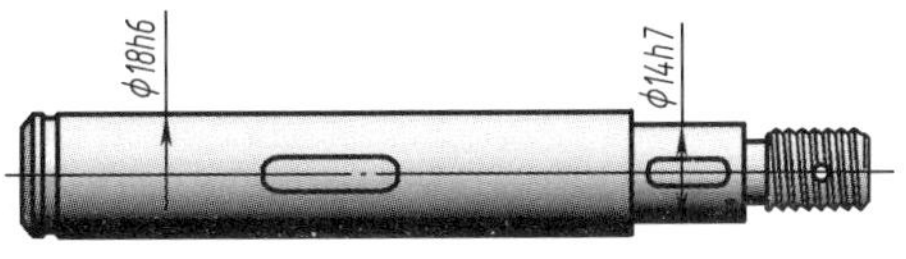	精加工外圆达到 φ18h6、φ14h7 的精度

按照以上加工顺序得出的最后完工尺寸如图4-1所示。

4.2.3 轴套类零件的测绘

轴套类零件是回转体结构,主要包括轴向尺寸、径向尺寸和一些标准结构。在测量前必须弄清楚被测轴套在机器中的部位、用途、转速、载荷特征、精度要求以及与之相配合零件的作用等。

1. 轴向尺寸与径向尺寸的测量 轴向尺寸即长度尺寸,径向尺寸即直径尺寸。测量零件尺寸时要正确地选择基准面。轴的安装端面(轴肩)是轴向尺寸的主要尺寸基准,两侧端面可以作为辅助基准。轴或套的轴线是径向尺寸主要尺寸基准。基准确定后,所有要测量的尺寸均以基准进行测量,尽量避免尺寸换算。

轴向尺寸一般为非配合尺寸,可用钢直尺、游标卡尺直接测量各段的长度和总长度,然后圆整成整数。径向尺寸多为配合尺寸,先用游标卡尺或千分尺测量出各段轴径后,根据配合类型、表面粗糙度等级查阅轴或孔的极限偏差表对照,选择相对应的公称尺寸和极限偏差值。

> **测量注意事项:**
>
> (1) 轴套类零件的总长度尺寸应直接测量出数值,不可用各段轴的长度累加计算。
>
> (2) 对于长度尺寸链的尺寸测量,也要考虑装配关系,尽量避免分段测量。分段测量的尺寸只能作为校对尺寸的参考。
>
> (3) 测量曲轴及偏心轴时,要注意其偏心方向和偏心距离。测量键槽等局部结构要注意其圆周方向的位置。
>
> (4) 测量有配合部位的尺寸必须同时测量配合零件的相应尺寸。
>
> (5) 测量有锥度或斜度的表面时,需要对照国标看是否属于标准锥度或斜度,如果不是,则要仔细测量并分析其作用。

2. 标准结构尺寸测量 轴套类零件上的标准结构主要包括螺纹、键槽、销孔、倒角等,其测量方法及注意事项如下:

(1) 螺纹的测量。轴套上的螺纹主要起定位和锁紧作用,一般以普通螺纹居多。普通螺纹的大径、螺距可用螺纹量规直接测量,螺纹长度可以用钢直尺测量。若无螺纹量规,螺距也可采用拓印法测量(详见2.2.7节),然后查阅标准螺纹表选用最接近的标准螺纹尺寸。

测量丝杠或非普通螺纹时,要注意螺纹特征、螺纹线数、螺距和导程、公称直径和旋向,尤其是锯齿形螺纹一定要注意方向。

(2) 键槽的测量。键槽类型通过目测即可判断。测量时可用游标卡尺、钢直尺等测出槽宽 b、槽深 t 和长度 L。然后根据测量数值结合键槽所在轴段的基本直径尺寸,查阅国标 GB/T 1095—2003 即可确定键的类型和尺寸值(备注:花键的测量不同,如果需要可查阅相关资料)。

例4-1 测量泵轴上普通平键槽宽为5.96mm,槽深为3.36mm,长度为20.5mm,轴径圆整后为18mm,如何确定键的尺寸?

解: 查键和键槽国家标准(见表4-3),与其最接近的标准尺寸是 $b \times h = 6\text{mm} \times 6\text{mm}$,长度圆整后为20(根据四舍六入五单双法原则,即遇五舍入后尾数为偶数)。利用轴径 $\phi18\text{mm}$

进行验证，得出与键槽配合的圆头普通型平键标准尺寸为：$b \times h \times L = 6\text{mm} \times 6\text{mm} \times 20\text{mm}$。

表 4-3　平键、键槽的剖面尺寸（GB/T 1095—2003）　　　　　　（单位：mm）

轴	键	键槽											
		宽度 b						深度				半径 r	
公称直径 d	公称尺寸 ($b \times h$)	公称尺寸 b	极限偏差					轴 t_1		毂 t_2			
			正常联接		紧密联接	松联接		公称尺寸	极限偏差	公称尺寸	极限偏差	最小	最大
			轴 N9	毂 JS9	轴和毂 P9	轴 H9	毂 D10						
<ϕ6~ϕ8	2×2	2	-0.004 -0.029	±0.0125	-0.006 -0.031	+0.025 0	+0.060 +0.020	1.2	+0.1 0	1	+0.1 0	0.08	0.16
<ϕ8~ϕ10	3×3	3						1.8		1.4			
<ϕ10~ϕ12	4×4	4	0 -0.030	±0.015	-0.012 -0.042	+0.030 0	+0.078 +0.030	2.5		1.8		0.16	0.25
<ϕ12~ϕ17	5×5	5						3.0		2.3			
<ϕ17~ϕ22	6×6	6						3.5		2.8			
<ϕ22~ϕ30	8×7	8	0 -0.036	±0.018	-0.015 -0.051	+0.036 0	+0.098 +0.040	4.0		3.3			
<ϕ30~ϕ38	10×8	10						5.0		3.3			
<ϕ38~ϕ44	12×8	12	0 -0.043	±0.0115	-0.018 -0.061	+0.043 0	+0.120 +0.050	5.5	+0.2 0	3.3	+0.2 0	0.25	0.40
<ϕ44~ϕ50	14×9	14						5.5		3.8			
<ϕ50~ϕ58	16×10	16						6.0		4.3			
<ϕ58~ϕ65	18×11	18						7.0		4.4			

注：1. 在图样中，轴槽深用 t_1 或（$d - t_1$）标注，轮毂槽深用（$d + t_2$）标注。

　　2. 键的材料常用 45 钢。

　　3. 键槽的极限偏差按轴（t_1）和轮毂（t_2）的极限偏差选取，但轴槽深（$d - t_1$）的极限偏差值应取负号。

（3）挡圈槽的测量。挡圈可以分为轴用挡圈、孔用挡圈、开口挡圈等多种类型。可用游标卡尺、钢直尺等测量挡圈槽的槽宽和直径，然后根据相关国标进行尺寸圆整并通过轴的尺寸进行验证。常用挡圈及挡圈槽国标：GB/T 893—2017 孔用弹性挡圈，GB/T 894—2017 轴用弹性挡圈。

（4）销孔的测量。轴上的孔很多都用来安装销钉。常用的销有圆柱销、圆锥销。测量时先用游标卡尺或千分尺测出销孔的直径和长度（圆锥销测量小头直径），然后根据国标即可确定销的公称直径和长度。其中，圆柱销国标代号（GB/T 119.1—2000、GB/T 119.2—2000），圆锥销国标代号（GB/T 117—2000）。

（5）其他工艺结构尺寸的测量。轴套上常见的工艺结构还有退刀槽、倒角、倒圆和中心孔等。倒圆的测量除使用游标卡尺和钢直尺外，还可以使用半径样板。

退刀槽的测量可参照国标 GB/T 3—1997《普通螺纹收尾、肩距、退刀槽和倒角》确定测量数值，然后按照工艺结构标注方法进行标注。如：常见倒角尺寸标注 C2（C 表示 45°倒角，倒角距离为 2mm），退刀槽尺寸标注 2×1（2 表示槽宽，1 表示较低的轴肩高度尺寸）或 2×ϕd（2 表示槽宽尺寸，ϕd 表示槽所在轴段直径尺寸）。

4.2.4　轴套类零件的材料

1. 轴类零件材料　轴类零件材料的选择与工作条件和使用要求有关，所选择的热处理方法也不同。

（1）轴类零件的常用材料有 35、45、50 优质碳素结构钢，其中以 45 钢应用最为广泛，一般经过调质处理后，其硬度可达到 230 ~ 260HBW。

（2）不太重要或受载较小的轴可以用碳素结构钢。

（3）对于受力较大、强度要求高的轴，可以对 40Cr 钢进行调质处理，使其硬度达到 230 ~ 240HBW 或淬硬到 35 ~ 42HRC。

（4）高速、重载条件下工作的轴，选用 20Cr、20CrMnTi、20Mn2B、38CrMoAlA 等合金结构钢。

（5）滑动轴承中运转的轴，可用 15 钢或 20Cr 钢，经过渗碳淬火处理使其硬度达到 56 ~ 62HRC，也可以用 45 钢表面高频感应淬火。

（6）球墨铸铁、高强度铸铁的铸造性能好且具有减振性能，常用于制造外形结构复杂的轴，如应用于汽车、拖拉机、机床上的重要轴类零件。

2. 套类零件的材料 套类零件材料一般采用钢、铸铁、青铜或黄铜；孔径小的套筒，一般选择热轧或冷拉棒料，也可用实心铸件；孔径大的套筒，常选择无缝钢管或带孔的铸件、锻件。

套类零件常采用退火、正火、调质和表面淬火等热处理方法。

4.2.5 轴套类零件的技术要求

1. 轴类零件技术要求

（1）尺寸公差的选择。轴与其他零部件有配合部分的尺寸有公差要求，选择公差的一个基本原则是在能够满足使用要求的前提下，应尽量选择低的公差等级。在公称尺寸不大于 500mm 且标准公差不大于 IT8 时，考虑到孔比轴难加工，国标规定通常轴的公差等级要比孔高一级，例如，H7/k6；在公称尺寸不大于 500mm 且标准公差大于 IT8 以及公称尺寸大于 500mm 时，因为孔测量精度相对容易保证，国标推荐采用孔、轴同级配合。通常主要轴颈直径尺寸精度一般为 IT6 ~ IT9，精密的为 IT5。

对于阶梯轴的各台阶长度按使用要求给定公差，或者按装配尺寸链要求分配公差。

（2）几何公差的选择。轴类零件通常是装配传动零件后用轴承支撑在两段轴颈上，轴颈是装配基准。

轴类零件的形状公差是圆度和圆柱度，它直接影响传动零件、轴承与轴配合的松紧及对中性，一般应限制在尺寸公差之内，公差等级选用 IT6 ~ IT7，具体数值可查阅国标。

轴类零件的位置公差有同轴度、对称度等，其中轴类零件中的配合轴颈（装配传动件的轴颈），相对于支承轴颈的同轴度是其相互位置精度的普遍要求。为便于测量，常用径向圆跳动来表示。普通配合精度，轴对支承轴颈的径向圆跳动一般为 0.01 ~ 0.03mm，高精度轴为 0.001 ~ 0.005mm。此外还有轴向定位端面与轴线的垂直度等要求，最终实现轴转动平稳，无振动和噪声。

（3）表面粗糙度的选择。一般情况下，支承轴颈的表面粗糙度值为 $Ra0.1 ~ 0.63\mu m$，其他配合轴颈的表面粗糙度值为 $Ra0.63 ~ 3.2\mu m$，非配合表面粗糙度值则选择 $Ra12.5\mu m$。轴的表面粗糙度值及加工方法见表 4-4，不同表面结构的外观情况、加工方法与应用举例见表 3-8，典型零件的表面结构数值选择见表 3-9。在实际测绘中也可参照同类零件运用类比的方法确定表面粗糙度值。

表 4-4　轴的表面粗糙度值及加工方法

表 面 位 置		表面粗糙度(≤)/μm	加 工 方 法
轴颈	与非液体摩擦滑动轴承配合	0.2 ~ 3.2	精车、半精车
	与液体摩擦滑动轴承配合	0.1 ~ 0.4	精磨
	与/PN 级滚动轴承配合	0.8 ~ 1.6	精车或磨削
带密封件的轴段	橡胶密封	0.2 ~ 0.8	精车或磨削
	毛毡密封	0.4 ~ 0.8	精车
	迷宫密封	1.6 ~ 3.2	半精车
	隙缝密封	1.6 ~ 3.2	半精车
与毂孔配合表面		0.8 ~ 1.6	精车或磨削
键槽	侧面	1.6	铣
	底面	6.3	
轴肩（轴环） 定位端面	定位/PN 级滚动轴承	1.6	半精车
	定位/P6、/P5、/P4 级滚动轴承	0.8 ($d\leqslant80$) 1.6 ($d>80$)	精车半精车
中心孔		1.6	钻孔后铰孔
端面、倒角及其他表面		12.5	粗车

2. 套类零件的技术要求

（1）尺寸公差的选择。套类零件的外圆表面通常是支承面，常与轮或箱体机架上的孔过盈或过渡配合，外径公差等级一般为 IT6 ~ IT7。如果外径尺寸没有配合要求，直接标注直径尺寸即可。套类零件孔的直径尺寸公差等级一般为 IT7 ~ IT9（为便于加工，通常孔的尺寸公差等级要比轴的低一级，数值大），精密轴套孔公差等级为 IT6。

（2）几何公差的选择。套类零件形状公差（圆度）一般为尺寸公差的 1/3 ~ 1/2。对较长套筒，除圆度要求外，还应标注圆孔轴线的直线度公差。

套筒的位置公差与加工方法有关。若孔的最终加工是将套筒装入机座后进行，则套筒内外圆的同轴度要求较低；若最终加工是在装配前完成的，则套筒内孔对套筒外圆的同轴度一般为 $\phi0.01 ~ \phi0.05$mm。

（3）表面粗糙度的选择。套类零件有配合要求的外表面粗糙度值为 $Ra0.8 ~ 1.6$μm，孔的内表面粗糙度值为 $Ra0.8 ~ 3.2$μm，要求高的精密套的表面粗糙度值可达 $Ra0.1$μm。

4.3　轮盘类零件测绘

4.3.1　轮盘类零件视图表达

轮盘类零件一般通过键、销与轴联接来传递转矩；轮盘类零件可起支撑、定位、密封和传递转矩的作用。齿轮、链轮、凸轮、手轮以及各种端盖都属于轮盘类零件，它的主要特点是主体是同轴回转体，直径明显大于轴或轴孔，形状似圆盘状。这类零件常在车床上进行加工，所以图样上的轴线沿水平放置，以便加工零件时图物对照。但对于加工时不以车削为主的零件，也可按工作位置选择主视图。这类零件一般采用两个基本视图，主视图常用剖视表示孔、槽等结构的深度，肋板、轮辐等局部结构可用断面图来表达，细小结构可采用局部放大图表示；另一视图（左视图或右视图）表示零件的外形轮廓和孔、肋、轮辐等其他结构的分布情况。轮盘类零件常用表达方法如图4-3法兰盘零件图所示。

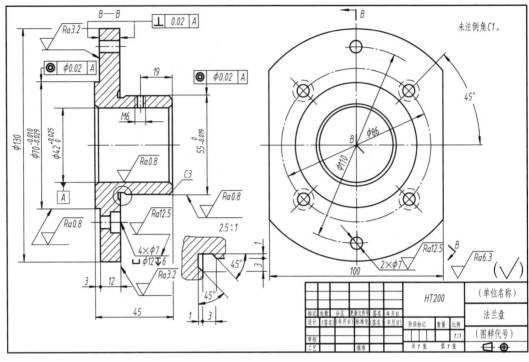

图4-3 法兰盘零件图

4.3.2 轮盘类零件的测量

为避免测量累积误差，测绘前应先分析尺寸基准并以此作为测量起始点。轮盘类零件长度方向常选大端面或安装的定位端面为主要尺寸基准，高度方向常选主轴孔的轴线为主要尺寸基准，宽度方向以中间平面作为主要尺寸基准。

轮盘零件尺寸测量方法如下：

（1）轮盘类零件的定形尺寸、定位尺寸都比较明显，测量时先以各方向尺寸基准为起始点直接测量重要尺寸，非重要尺寸可间接测量。零件的轮廓为曲线时，可用拓印法、铅丝法获得其尺寸。

（2）零件上的配合尺寸，如轴与轴孔尺寸、销孔尺寸、键槽尺寸等，要用游标卡尺或千分尺测量出圆的直径，再利用常规设计的尺寸圆整方法确定其公称尺寸系列。

（3）测量各安装孔直径并确定各安装孔的中心定位尺寸。当零件上有辐射状均匀分布的孔时，一般应测出均布孔圆心所在的定位圆直径。精度较低的孔间距可利用钢直尺和卡钳配合测量，精度较高的孔间距可用游标卡尺测量。

1）孔为偶数时，测量方法如图4-4a所示。用游标卡尺内测量面测对称孔的尺寸 A 和孔径 d，则定位圆直径 $D = A - d$。

2）孔为奇数且在定位圆的圆心处有圆孔时，测量方法如图4-4b所示。可用两不等孔径中心距的测量方法（精确测量时需要用标准棒）先用游标卡尺测量尺寸 B、d_1 和 d_2，则 $A = B + (d_1 + d_2)/2$，孔的定位圆直径 $D = 2A$。

3）孔为奇数且中心处又无同心孔时，测量方法如图4-4c所示。可用间接方法测得，量

出尺寸 H 和 d，根据孔的个数算出 α，图中 $\alpha = 60°$。$\sin\alpha = \dfrac{(H+d)/2}{D/2} = \dfrac{H+d}{D}$，从而可以求得 D 的尺寸。

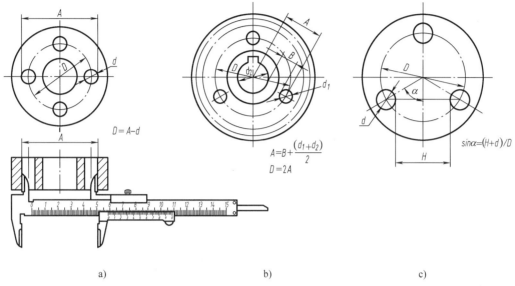

$$D = A - d$$

$$A = B + \frac{(d_1 + d_2)}{2}$$
$$D = 2A$$

$$\sin\alpha = (H+d)/D$$

a)　　　　　　　　　b)　　　　　　　　c)

图 4-4　孔间距的测量方法

（4）轮盘零件厚度、铸造结构尺寸可以直接测量。

（5）螺纹、键槽、销孔等标准件尺寸测量后需要查表确定标准尺寸。工艺结构尺寸如退刀槽、越程槽、油封槽、倒角和倒圆等，要按照国标标注方法标注。

（6）测量后内、外尺寸应分开标注。直径尺寸最好集中标注在非圆视图上。在圆的视图上标注键槽尺寸和分布的各孔以及轮辐等尺寸。细小部分的结构尺寸，多集中标注在断面图或局部放大图上。

4.3.3　轮盘类零件的材料

轮盘类零件的坯料多为铸锻件，材料有 HT150、HT200、铸钢等，一般不需要进行热处理。但重要的、受力较大的锻造件常用正火、调质、渗碳和表面淬火等热处理方法。

4.3.4　轮盘类零件的技术要求

1. 尺寸公差的选择　轮盘类零件配合的孔轴尺寸公差通常比较小，要根据实际配合（过盈、过渡、间隙）需求进行选择，公差等级一般为 IT6 ~ IT9。

2. 几何公差的选择　轮盘类零件与其他零件接触到的平面应有平面度、平行度、垂直度等要求；轮盘的圆柱面应有同轴度的要求，公差等级通常为 IT7 ~ IT9。

3. 表面粗糙度的选择　有相对运动的轮盘类零件（如齿轮）其配合的孔表面、与轴肩定位的端面等表面粗糙度值都较小，推荐为 $Ra0.8 ~ 1.6\mu m$；相对静止配合的表面其表面粗糙度要求稍低，推荐为 $Ra3.2 ~ 6.3\mu m$，非配合表面粗糙度值推荐为 $Ra6.3 ~ 12.5\mu m$。对于非配合的铸造面如减速器轴承端盖则无须标注表面粗糙度参数。表面粗糙度和加工方法也相关，测绘时可以综合观察并参考表 4-4 轴的表面粗糙度值及加工方法，表 3-8 的不同表面结构的外观情况、加工方法与应用举例，表 3-9 的典型零件的表面结构数值选择等，也可参照同类零件运用类比的方法确定表面粗糙度值。

4.4 叉架类零件测绘

4.4.1 叉架类零件视图表达

叉架类零件包括拨叉、连杆、支架、摇臂等，主要起拨动、联接、支撑和传动的作用。该类零件一般由安装、工作和联接三部分组成，安装部分一般为板状，上面布有安装孔、凸台和凹坑等工艺结构；工作部分常是圆筒状，上面有较多的细小结构，如油孔、油槽、螺纹孔等；联接部分多为肋、板、杆等结构。

叉架类零件不规则，加工位置多变，在选择主视图时，主要考虑工作位置和形状特征。通常需要两个或两个以上的基本视图，并且要用向视图、局部视图、斜视图、断面图、剖视图等表达零件的细部结构，如图4-5所示为托架零件图。

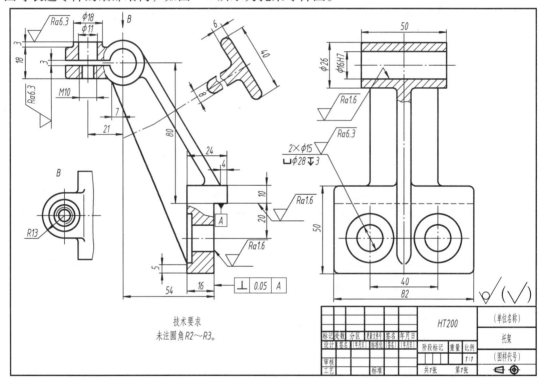

图4-5 托架零件图

4.4.2 叉架类零件的测量

叉架类零件的尺寸较复杂，尺寸主要基准一般为孔的中心线、轴线、中间平面、安装基准面和较大的加工平面。

叉架类零件测量方法与轴套类、轮盘类零件相同，在测量前应先根据零部件结构特征分析尺寸基准平面。从图4-5托架零件图的主视图可以看出，底板右侧挖通槽与其他零件进行安装定位，所以通槽两个端面加工要求较高，表面粗糙度值都为 $Ra1.6\mu m$。通槽竖直端面作为主要长度基准，来定位工作部分的圆筒圆心和标注其他重要尺寸；通槽水平端面作为主要高度基准，来确定圆筒中心高度和其他重要高度尺寸；托架宽度方向为对称结构，以对称中心线作为宽度主要基准。

托架上 $\phi16mm$ 的支承孔和底板的安装孔是重要的配合结构，所以支承孔和底板上安装孔的定形、定位尺寸作为重要参数需要用游标卡尺或千分尺进行精确测量。必要时可借助检验棒作为辅助工具配合游标高度卡尺进行测量。

其他结构的测量和圆整方法与轴套类、轮盘类零件相同。其中，工艺结构、退刀槽、倒角测量后按照规定标注方法进行标注，螺纹等标准结构测量后需要查阅标准确定尺寸。

4.4.3　叉架类零件的材料

叉架类零件毛坯一般通过铸造和锻造制成，然后进行切削加工，如车、铣、刨、钻等多种工序，其材料多为 HT150、HT200，一般不需要进行热处理。对于做周期运动且受力较大的锻造件也可用正火、调质、渗碳和表面淬火等热处理方法。在具体测绘制图时，叉架类零件的材料与热处理可参考同类零件运用类比的方法确定。

4.4.4　叉架类零件的技术要求

1. 尺寸公差的选择　叉架类零件工作部分孔与轴有配合要求，孔需要标注尺寸公差，配合孔中心定位尺寸也常有尺寸公差要求。通常轴孔配合时采用基孔制，但也要根据实际配合要求确定，通常选择的公差等级为 IT7 ~ IT9，具体数值和偏差要求可查阅《机械设计手册》。

2. 几何公差的选择　叉架类零件的安装部分与其他零件接触的表面应有平面度、垂直度要求，工作部分的内孔轴线应有平行度要求，几何公差项目要根据零件具体要求确定，公差等级一般为 IT7 ~ IT9，公差值可查阅《机械设计手册》确定，也可参考同类型零件图运用类比法确定。

3. 表面粗糙度的选择　叉架类零件通常只有工作面和安装接触面有粗糙度要求，零件的其他表面对表面粗糙度没有特殊要求。一般情况下，零件支承孔表面粗糙度值为 $Ra1.6$ ~ $6.3\mu m$，安装底板的接触表面粗糙度值为 $Ra3.2$ ~ $6.3\mu m$，非配合表面粗糙度值为 $Ra6.3$ ~ $12.5\mu m$，其余表面都是铸造面或锻造面，不作要求。

零件表面的粗糙度确定可参照表 3-8 和表 3-9 进行确定，或测绘时运用类比法参考同类零件的表面粗糙度值确定。

4.5　箱体类零件测绘

4.5.1　箱体类零件视图表达

箱体类零件是组成机器和部件的主体零件，主要起支撑、包容、密封其他零件的作用。箱体类零件的形状虽然会随机器或部件中的功用不同而发生变化，但仍有许多共同特点，例如，体积和尺寸一般较大，形状较复杂，多为空腔结构且壁厚多不均匀；箱壁上带有轴承孔、凸台、凹坑、肋等结构；箱体上常有安装板、安装孔、螺纹孔等结构；箱体外形常有起模斜度、铸造圆角等铸造的工艺结构。箱体类零件多为铸件，毛坯制成后要经过铣、刨、镗、钻等多种工序，加工位置变化较多。

箱体类零件形状比较复杂，需要多个视图才能表达清楚，在选择主视图时，要根据箱体零件的工作位置和形状特征综合考虑确定；其他视图根据零件内外特征可以采用基本视图、剖视图、局部视图、斜视图、断面图等多种形式表达，局部结构还可以采用局部放大图和规定画法表示，如图 4-6 所示为蜗轮箱体零件图。

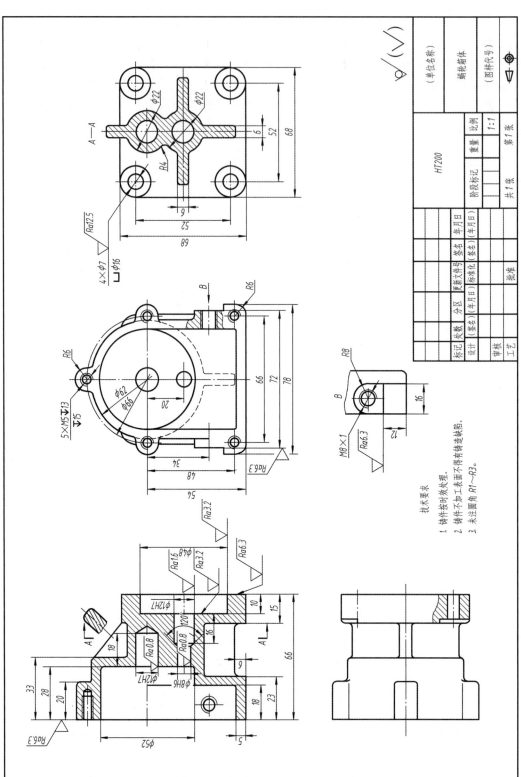

图 4-6 蜗轮箱体零件图

技术要求
1. 铸件按时效处理。
2. 铸件不加工表面不得有铸造缺陷。
3. 未注圆角 R1~R3。

52

4.5.2 箱体类零件常见结构的测量

箱体类零件的结构根据其在机器或部件中的作用及加工工艺要求的不同而有所区别。箱体类零件上常见的局部结构主要有凸缘、凸台、凹坑、圆角、倒角、斜度、锥度、油孔、螺孔、退刀槽等。测绘中必须了解这些工艺结构的测量方法。

1. 凸缘的测绘 箱体类零件上的凸缘，基本都设计成直线段和圆弧，且均与其他零件有形体对应关系。凸缘上通常都有空体结构，外形则围绕内形而确定。常见的凸缘结构如图4-7所示。对于直线段，要确定其长度；对于圆弧，要确定曲率半径和圆心所在位置。

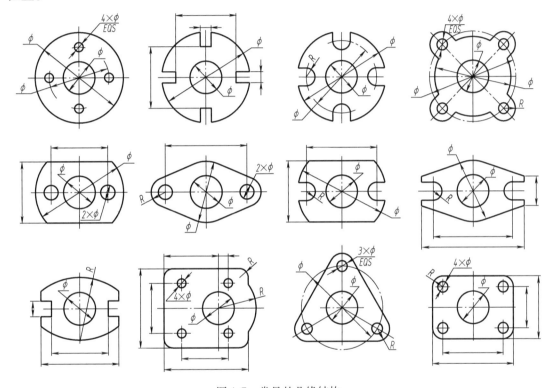

图4-7　常见的凸缘结构

在课程测绘工作中，对于不方便直接测绘的凸缘除了可采用拓印法或铅丝法进行曲面测量外，还可以采用对应法进行测量。所谓对应法是箱体的凸缘、垫片和箱盖的外部形状有对应关系。如图4-8所示的机油泵的泵体、垫片和泵盖的截面形状相同，测绘时测量其中一个即可。尤其在机修测绘中，由于箱体使用过程中可能产生变形、破裂等失效形式，为了保证测绘的准确性和测绘方便，常采用这种方法。

2. 铸造的圆角 为防止铸造砂型落砂，避免铸件冷却时产生裂纹，两铸造表面相交处应以圆角过渡。铸造圆角分为铸造内圆角和铸造外圆角，其半径的大小，必须与壳体的相邻壁厚及铸造工艺方法相适应。例如铸造内圆角 R

压铸 $$R = (a+b)/3 \qquad (4-1)$$

金属型铸造 $$R = (1/8 \sim 1/4)(a+b) \qquad (4-2)$$

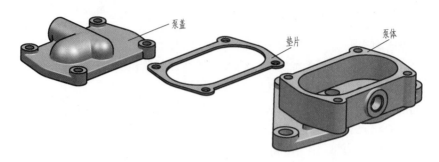

图 4-8   机油泵对应法测凸缘

熔模铸造 $R = (1/5 \sim 1/3)(a+b)$ (4-3)

通常情况下，取 $R = (1/6 \sim 1/3)(a+b)$，其中 a、b 为相邻两壁的壁厚。

铸造内圆角的测量，一般可用圆角规进行。其实际测量的数值可参照表 4-5 铸造内圆角半径 R（JB/ZQ 4255—2006）的标准确定。

表 4-5   铸造内圆角半径 R

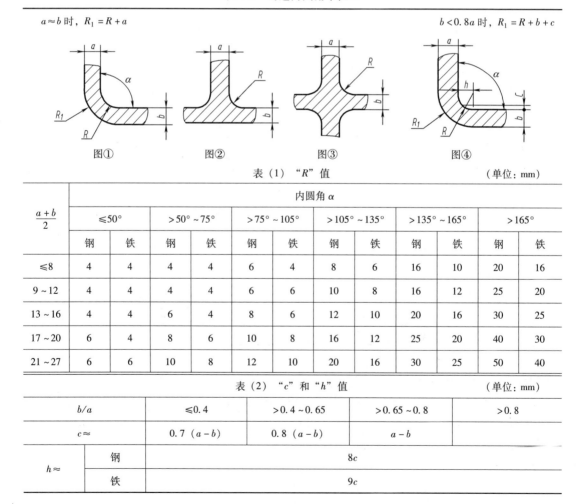

表（1）"R"值   （单位：mm）

$\dfrac{a+b}{2}$	内圆角 α											
	≤50°		>50°~75°		>75°~105°		>105°~135°		>135°~165°		>165°	
	钢	铁	钢	铁	钢	铁	钢	铁	钢	铁	钢	铁
≤8	4	4	4	4	6	4	8	6	16	10	20	16
9~12	4	4	4	4	6	6	10	8	16	12	25	20
13~16	4	4	6	4	8	6	12	10	20	16	30	25
17~20	6	4	8	6	10	8	16	12	25	20	40	30
21~27	6	6	10	8	12	10	20	16	30	25	50	40

表（2）"c"和"h"值   （单位：mm）

b/a		≤0.4	>0.4~0.65	>0.65~0.8	>0.8
$c\approx$		$0.7(a-b)$	$0.8(a-b)$	$a-b$	
$h\approx$	钢	$8c$			
	铁	$9c$			

铸造外圆角指的是零件外表面的过渡圆角，它和腔体结构的内圆角不同，通常为实体处的过渡线，其实际测量的数值可参照表 4-6 铸造外圆角（JB/ZQ 4256—2006）标准确定。

表 4-6 铸造外圆角

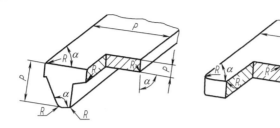

"R"值 （单位：mm）

P	外圆角 α					
	≤50°	>50°~75°	>75°~105°	>105°~135°	>135°~165°	>165°
≤25	2	2	2	4	6	8
>25~60	2	4	4	6	10	16
>60~160	4	4	6	8	16	25
>160~250	4	6	8	12	20	30
>250~400	6	8	10	16	25	40
>400~600	6	8	12	20	30	50

注：1. P 为表面的最小边尺寸。

2. 如一铸件按表可选出许多不同的圆角"R"时，应尽量减少或只取一适当的"R"值以求统一。

绘制铸造圆角时特别注意：同一铸件上的圆角半径种类应尽可能减少；两相交铸造表面之一若经切削加工，则应画成直角，铸造圆角的画法如图 4-9 所示。标注铸造圆角的尺寸时，除个别圆角的半径直接在图上标注，一般都可在技术要求中集中标注。如在技术要求中注出"未注铸造圆角 R5"，或者"未注铸造圆角半径 R3~R5"。

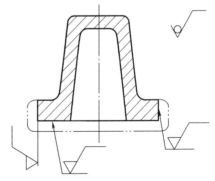

图 4-9 铸造圆角的画法

3. 铸造的过渡斜度 为保证铸造壳体在浇铸时各处冷却速度一致，避免冷却时产生内应力而造成裂纹或缩孔，因而铸件壁厚应尽量均匀一致。当壁厚不同时，应采用逐步过渡的结构，以避免壁厚突变。铸造过渡斜度的测量可参照表 4-7 铸造过渡斜度（JB/ZQ 4254—2006）标准确定。

4. 铸造起模斜度 铸造时为使模样容易从铸型中取出或型芯自芯盒脱出，平行于起模方向，在模样或芯盒壁上做成斜度，这种斜度称为起模斜度。

表 4-7　铸造过渡斜度　　　　　　　　　　（单位：mm）

铸铁和铸钢件的壁厚 δ	K	h	R
10 ~ 15	3	15	5
>15 ~ 20	4	20	5
>20 ~ 25	5	25	5
>25 ~ 30	6	30	8
>30 ~ 35	7	35	8
>35 ~ 40	8	40	10
>40 ~ 45	9	45	10
>45 ~ 50	10	50	10

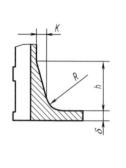

一般情况下，铸件起模斜度可参照 JB/T 5105—2022 标准进行斜度设计和测绘，但通常铸造过渡斜度没有一定的准则。多数是依照产品的结构部分所设计的深度来定，深度越深，脱模角度就越大，这样可以保证脱模的顺畅。通常起模斜度设定在 0.5°~1°，在结构较深或有织纹的产品上，起模角度与深度进行相应的增加，一般为 2°~3°。起模斜度的画法如图 4-10 所示，对于斜度不大的结构，若在一个视图中已表达清楚，则其他视图可按小端画出。

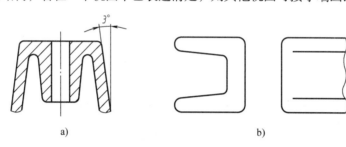

a)　　　　　　　　　　　　　　　　　b)

图 4-10　起模斜度的画法

5. 油孔、油槽、油标及放油孔　在箱体零件上，通常设有润滑油孔、油槽以及检查油面高度的油标安装孔和排放污油的放油螺塞孔等。这些孔在箱体上通常表现为各式各样的斜孔，测绘时斜孔的测量方法和尺寸标注如图 4-11 所示。从图中可以看出，斜孔需要标注定形尺寸直径 ϕ，到基准的定位尺寸 L 和角度 α。

箱体上不仅有斜孔，而且有时孔之间具有关联性，测绘时需要检查各孔是通孔还是不通孔，各孔之间的相互连接关系，其测量常采用以下三种方法：

（1）插入检查法。可用细铁丝或细的硬塑料线等直接插入孔内，从而进行检查和测绘。

（2）注油检查法。将油直接注入待测孔道之中，与它连通的孔就会有油流出来。不需检查的孔则用堵头或橡皮塞堵住，保证测绘的准确和可靠性。

（3）吹烟检查法。测绘时可借助于塑料管、硬纸制作的卷筒等工具，将烟

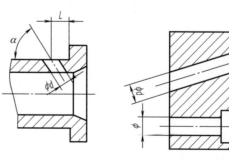

图 4-11　斜孔的测量方法和尺寸标注

雾吹进待测孔内，如果是相互连通的孔，则马上就会有烟雾冒出。然后再堵住这些孔，检查与其他孔之间的关系。此法非常简便，也具有一定的实用价值。

6. 大直径尺寸的测量 测量壳体上的大直径尺寸，可采用周长法、弓高弦长法或拓印法。

（1）周长法。用钢卷尺在绕壳体一周，测量出周长 L，则可通过公式（4-4）计算出直径 D

$$D = L/\pi \tag{4-4}$$

（2）弓高弦长法。对于半径大于游标卡尺外测量深度 H 的大直径圆柱可以采用如图 4-12 所示的弓高弦长法进行测量。先测量出尺寸 H，再用游标卡尺测量出弦长 L，则通过公式（4-5）计算可得直径尺寸

$$D = \frac{L^2}{4H} + H \tag{4-5}$$

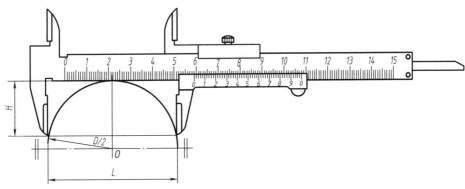

图 4-12 弓高弦长法测量大直径

（3）拓印法。对于直径大的圆柱体也可将底面拓印后用铅笔加深轮廓，然后通过作两条辅助弦求圆心的方法得出直径。

7. 内圆弧半径的测量

测量箱体上内环形槽的直径，可以用打样膏或橡皮泥拓出阳模，测量出深度尺寸 C，即可间接测量出内环形槽的直径尺寸，如图 4-13 所示。

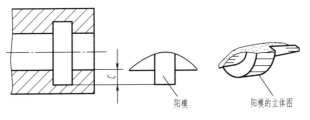

图 4-13 内环形槽的直径尺寸测量

4.5.3 箱体类零件尺寸标注

由于箱体类零件结构相对复杂，在标注尺寸时，确定各部分结构的定位尺寸尤其重要，因此首先要选择好长、宽、高三个方向的尺寸基准。基准选择一般是安装表面、主要支承孔

轴线和主要端面，具有对称结构的通常以对称面作为尺寸基准。标注尺寸时的注意事项：

（1）先标注定形尺寸。如箱体的长、宽、高、壁厚、各种孔径及深度、圆角半径、沟槽深度、螺纹尺寸等。

（2）再标注定位尺寸。定位尺寸一般应从基准直接注出。选择基准时最好统一，即设计基准、定位基准、检测基准和装配基准应力求统一，这样既可减少因基准不重合产生的误差，又可简化工夹、量具的设计、制造和检测的过程。

（3）对影响机器或部件工作性能的尺寸应直接标出，如轴孔中心距。

（4）标注尺寸要考虑铸造工艺的特点。铸造圆角、起模斜度等在基本几何形体的定位尺寸标注后标注。

（5）重要的配合尺寸都应标出尺寸公差。箱体尺寸繁多，标注时应避免遗漏、重复及出现封闭尺寸链。

4.5.4 箱体类零件的材料

箱体类零件形状较复杂，毛坯绝大多数采用铸件，少数采用锻件和焊接件。根据需要，箱体类零件的材料可选用 HT100～HT400 的灰铸铁，最常用的是 HT200。当箱体类零件是单件或小批量生产时，为缩短毛坯的生产周期，可采用钢板焊接。

4.5.5 箱体类零件的技术要求

箱体类零件的作用是支撑、包容、安装其他零件，为了保证机器或部件的性能和精度，箱体类零件需要标注一系列的技术要求。包括零件结构的尺寸公差、几何公差及表面粗糙度要求，以及热处理、表面处理和有关装配、密封性、检测、试验等要求。

1. 尺寸公差的选择 箱体类零件中，为了保证机器或部件的性能和精度，尺寸公差主要表现在箱体类零件上有配合要求的轴承座孔、轴承座孔外端、箱体外部与其他零件有严格安装要求的安装孔等结构上。

在能够满足使用要求的前提下，应尽量选择低的公差等级。通常在公称尺寸不大于500mm 且标准公差不大于 IT8 时，考虑到孔比轴难加工，国标规定通常孔的公差等级要比轴低一级，例如，H7/k6；在公称尺寸不大于 500mm 且标准公差大于 IT8 以及公称尺寸大于500mm 时，因为孔测量精度相对容易保证，国家标准推荐孔、轴采用同级配合。在实际工作根据配合需求进行选择，通常轴承孔的精度要求较高，公差等级选为 IT6 或 IT7，其他孔一般为 IT8。

但实际测绘中，也可以根据经验运用类比法参照同类零件的尺寸公差综合考虑制订。

2. 几何公差的选择 箱体的装配和加工定位基面，有较高的平面度要求；轴承孔与装配基面有平行度要求，与端面有垂直度要求；各平面与装配基面也应有一定的平行度与垂直度要求。

箱体上支承孔有位置度误差、圆度或圆柱度误差要求，可分别采用坐标测量装置和千分尺测量。

箱体上孔与孔有同轴度和平行度误差要求。同轴度采用千分表配合检验心轴测量；平行度先用游标卡尺测出两检验心轴的两端尺寸后，再通过计算求得。

箱体类零件测绘中可先测出箱体类零件上各有关部位的几何公差，然后参照同类型零件进行确定。测量时必须注意尺寸公差应该和表面粗糙度等级相适应，其中孔的测量精度要求如下：

（1）孔径精度。孔的形状误差会造成轴承与孔配合不良，从而降低支承刚度、产生噪声，使轴承外环变形并引起主轴径向圆跳动。孔的形状精度一般控制在尺寸公差的 1/2 范围内即可。

（2）孔与孔的位置精度。轴承孔中心距，尺寸极限偏差允许为 ±0.05 ~ 0.07mm。

3. 表面粗糙度的选择 箱体零件上的定位基准平面和基准孔都应有较小的表面粗糙度，否则直接影响零件加工时的定位精度，也对与之相接触的零部件工作精度产生影响。一般情况下，箱体主要平面和支承孔的表面粗糙度值为 $Ra3.2\mu m$ 或 $Ra6.3\mu m$；但要求高的支承孔的表面粗糙度值可选为 $Ra1.6\mu m$。对于非加工的铸造表面，表面粗糙度不作要求。具体零件表面的表面粗糙度确定原则和参数值大小选择可参见表3-8和表3-9。在实际测绘时，可参考同类零件，运用类比的方法确定测绘对象各个表面具体的表面粗糙度值。

4. 撰写技术要求 确定箱体零件的材料及热处理。包括材料及其牌号，箱体表面有无镀层、有无化学处理，箱体的表面硬度及热处理方法等内容。

对毛坯的技术要求。包括毛坯的种类、毛坯制造缺陷、用文字说明未注尺寸（如未注铸造圆角 R3，起模斜度 3° 等）、最终热处理及表面处理要求及其他技术要求。

4.6 圆柱齿轮测绘

4.6.1 圆柱齿轮视图表达

1. 单个圆柱齿轮的画法 设计圆柱齿轮时要先确定模数和齿数，其他各部分尺寸均可由模数和齿数计算出来。标准直齿圆柱齿轮的模数见表4-8，计算公式见表4-9。

表 4-8 标准直齿圆柱齿轮的模数（摘自 GB/T 1357—2008）　　（单位：mm）

第 I 系列	1，1.25，1.5，2，2.5，3，4，5，6，8，10，12，16，20，25，32，40，50
第 II 系列	1.125，1.375，1.75，2.25，2.75，3.5，4.5，5.5，(6.5)，7，9，11，14，18，22，28，36，45

注：选用模数时，优先选用第 I 系列，括号内的模数值尽可能不用。

表 4-9 标准直齿圆柱齿轮的计算公式

名　称	代　号	计　算　公　式
模数	m	根据需要选用标准数值
齿数	z	根据运动要求选定。z_1、z_2 分别为主、从动齿轮齿数
齿顶高	h_a	$h_a = m$
齿根高	h_f	$h_f = 1.25m$
齿高	h	$h = h_a + h_f = 2.25m$
分度圆直径	d	$d = mz$
齿顶圆直径	d_a	$d_a = m(z + 2)$
齿根圆直径	d_f	$d_f = m(z - 2.5)$
齿距	p	$p = \pi m$
中心距	a	$a = (d_1 + d_2)/2$
传动比	i	$i = n_1/n_2 = d_2/d_1 = z_2/z_1$

圆柱齿轮的画法如图 4-14 所示。

（1）在视图中，齿轮的轮齿部分按下列规定绘制：齿顶圆和齿顶线用粗实线绘制；分度圆和分度线用细点画线绘制；齿根圆和齿根线用细实线绘制，也可以省略不画。

（2）在剖视图中，齿轮可以采用半剖视图或全剖视图。当剖切平面通过齿轮的轴线时，不论剖切平面是否剖切到轮齿，轮齿一律按不剖处理，而齿根线用粗实线绘制。

（3）若需要表示轮齿（斜齿、人字齿）的方向时，可在非圆的外形图上用三条与轮齿方向一致的平行细实线表示。

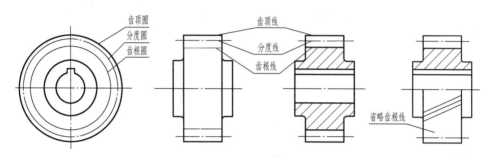

图 4-14　圆柱齿轮的画法

圆柱齿轮的图样格式如图 4-15 所示，图样中必须有参数表，参数表一般放在图样的右上角。参数表中应列出模数、齿数和压力角等基本参数，必要时可根据需要列出其他参数。

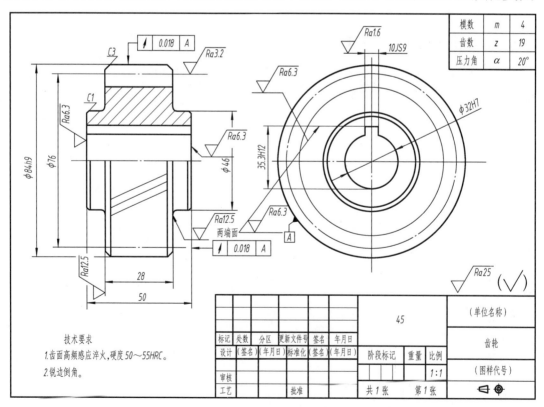

图 4-15　齿轮零件图

2. 圆柱齿轮啮合的画法　两标准齿轮相互啮合时，它们的分度圆处于相切位置，此时分度圆又称节圆。啮合区外按单个齿轮画法绘制，啮合区内则如图 4-16 所示绘制。

（1）在垂直于圆柱齿轮轴线的投影面的视图上，啮合区内的齿顶圆仍用粗实线绘制，也可省略不画。

（2）在平行于圆柱齿轮轴线的投影面的视图上，啮合区内的齿顶线和齿根线不用画出，节线用粗实线绘制。

（3）在剖视图中，若剖切平面通过两啮合齿轮的轴线时，在啮合区内用粗实线绘制主动齿轮的轮齿，用虚线绘制从动齿轮的被遮挡的齿顶线，也可以省略不画。此时，两啮合齿轮的节线重合，用细点画线绘制。

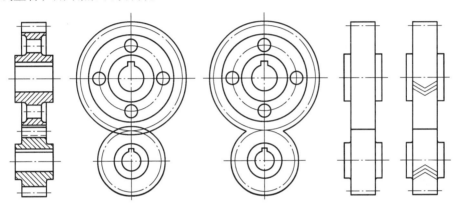

图 4-16　圆柱齿轮啮合的画法

4.6.2　圆柱齿轮几何参数的测量

标准直齿圆柱齿轮需要测量齿顶圆直径 d_a、齿根圆直径 d_f、齿数 z、齿高 h、啮合齿轮中心距 a 的数值，需要推算和查表确定模数 m 和压力角 α。测量的一般步骤如下：

1. 齿顶圆直径 d_a 和齿根圆直径 d_f 的测量

（1）偶数齿齿轮的测量直接用游标卡尺测量 d_a、d_f 即可，如图 4-17 所示。

（2）奇数齿齿轮的测量

1）间接测量法。有孔的奇数齿齿轮，采用间接测量法测量出 d_a、d_f，如图 4-18a 所示。间接测量出轴孔直径 $d_{孔}$、内孔壁到齿顶距离 L_1、内孔壁到齿根距离 L_2，则齿顶圆直径 $d_a = d_{孔} + 2L_1$，齿根圆直径 $d_f = d_{孔} + 2L_2$。

2）校正系数法。无孔的奇数齿齿轮的测量方法（校正系数法）如图 4-18b 所示。用游标卡尺测量齿顶到另一侧齿端部的距离 d_a'，然后 $d_a = kd_a'$，式中 k 为奇数齿齿轮齿顶圆直径校正系数，见表 4-10。

2. 齿数 z 的测定　对于完整的齿轮，直接数齿数 z 即可。

对扇形齿轮或残缺的齿轮，可以采用图解法或计算法测算出齿数。

（1）图解法

第一步：测出齿轮齿顶圆直径 d_a。

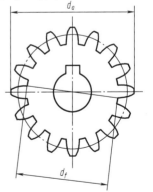

图 4-17　偶数齿齿轮齿顶圆、
齿根圆直径测量

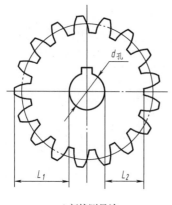

a) 间接测量法

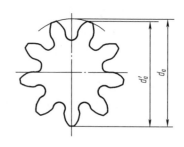

b) 校正系数法

图 4-18   奇数齿齿轮的测量

表 4-10   奇数齿齿轮齿顶圆直径校正系数 k

齿数	z	7	9	11	13	15	17	19
校正系数	k	1.0200	1.0154	1.0103	1.0073	1.0055	1.0043	1.0034
齿数	z	21	23	25	27	29	31	33
校正系数	k	1.0028	1.0023	1.0020	1.0017	1.0015	1.0013	1.0011
齿数	z	35	37	39	41,43	45	47 ~ 51	53 ~ 57
校正系数	k	1.0010	1.0009	1.0008	1.0007	1.0006	1.0005	1.0004

第二步：以 d_a 为直径绘制辅助圆，如图 4-19a 所示。

第三步：在齿顶圆上任取完整的 n 个轮齿（图中取 6 个齿），量取其弦长 L，如图 4-19b 所示。

第四步：以 A 为圆心，L 为半径作圆弧，与辅助圆交于 B、C 点，如图 4-19a 所示。

第五步：以 B 点为圆心，相邻两齿的弦长 l 为半径，在 $\overset{\frown}{BC}$ 截取得到 1、2、3、4、5 点，其中 5 点与 C 点基本重合。

第六步：计算齿数 $z = 2 \times 6 + 5 = 17$。

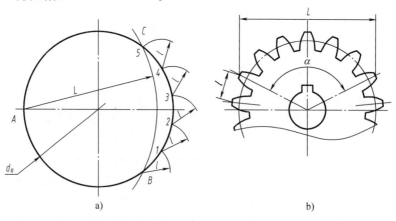

a)   b)

图 4-19   不完整齿轮齿数的测算

（2）计算法

第一步：量出跨 k 个齿的弦长 L。

第二步：计算 k 个齿所含圆心角 α，如图 4-19b 所示，$\alpha = 2\arcsin\dfrac{L}{d_a}$。

第三步：计算齿数 $z = 360° \dfrac{k}{\alpha}$。

3. 全齿高 h 的测量　全齿高 h 可使用游标卡尺的测深直尺直接测量，如图 4-20 所示。但这种方法不够精确，测得的数值只能作为参考。

全齿高 h 也可以用图 4-18a 介绍的间接测量法测得的齿顶圆直径 d_a 和齿根圆直径 d_f，或内孔壁到齿顶的距离 L_1 和内孔壁到齿根的距离 L_2，然后按下式计算获得

$$h = \frac{d_a - d_f}{2} \text{或} \tag{4-6}$$

$$h = L_1 - L_2 \tag{4-7}$$

4. 中心距 a 的测量　齿轮啮合中心距 a 可按图 4-21 所示的方法测量，用游标卡尺测量 L_1、L_2、d_1 和 d_2，然后按下式计算

$$a = L_1 + \frac{d_1 + d_2}{2} \text{或} \tag{4-8}$$

$$a = L_2 - \frac{d_1 + d_2}{2} \tag{4-9}$$

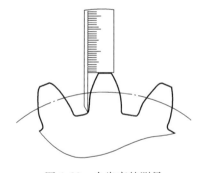

图 4-20　全齿高的测量

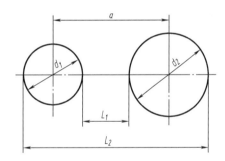

图 4-21　中心距的测量

5. 模数的确定

测量完齿轮基本参数后，模数可由相关参数计算得出。其中，标准圆柱齿轮齿顶高系数 $h_a^* = 1$，顶隙系数 $c^* = 0.25$。为了模数确定无误，确定时可采用几种方法计算，进行分析比较后查阅国标规定的标准参数确定。

（1）用测定的齿顶圆直径 d_a 或齿根圆直径 d_f 计算模数

$$m = \frac{d_a}{z + 2} \text{或} \tag{4-10}$$

$$m = \frac{d_f}{z - 2.5} \tag{4-11}$$

（2）用测定的全齿高计算模数

$$m = \frac{h}{2.5} \tag{4-12}$$

（3）用测定的中心距计算模数

$$m = \frac{2a}{z_1 + z_2} \tag{4-13}$$

将上述计算结果进行分析比较，参照表4-8确定模数。

6. 压力角 α 我国规定标准渐开线齿轮压力角 $\alpha = 20°$。

7. 传动比 i 一对啮合齿轮中，主动齿轮的转速 n_1 与从动齿轮的转速 n_2 之比称为传动比，即

$$i = \frac{n_1}{n_2} = \frac{z_2}{z_1} \tag{4-14}$$

减速齿轮 $i > 1$，加速齿轮 $i < 1$。

例4-2 一对啮合标准直齿圆柱齿轮，齿数 $z_1 = 18$、$z_2 = 30$，测得齿顶圆直径 $d_{a1} = 49.82\text{mm}$，齿根圆直径 $d_{f1} = 38.9\text{mm}$，试确定其模数 m、中心距 a、传动比 i。

分析：

（1）两啮合齿轮的模数相同，所以只需测一个齿轮的相关参数即可确定模数 m。

（2）中心距可以通过测量所得，如图4-21所示，也可通过 $a = \frac{m(z_1 + z_2)}{2}$ 推算。

（3）标准圆柱齿轮的齿顶高系数 $h_a^* = 1$，顶隙系数 $c^* = 0.25$。

解：（1）模数 m 的确定。$m = \frac{d_{a1}}{z_1 + 2}$；$m = \frac{d_{f1}}{z_1 - 2.5}$，则模数 $m = \frac{49.82}{18 + 2}\text{mm} = 2.491\text{mm}$，$m = \frac{38.9}{18 - 2.5}\text{mm} = 2.5097\text{mm}$；查表4-8，两数均与标准模数2.5非常接近，因此确定该齿轮模数为2.5。

也可通过测量齿轮2参数进行验证计算。

（2）中心距 $a = \frac{m(z_1 + z_2)}{2} = \frac{2.5(18 + 30)}{2}\text{mm} = 60\text{mm}$。

（3）传动比 $i = \frac{n_1}{n_2} = \frac{z_2}{z_1} = \frac{30}{18} \approx 1.67$。

4.6.3 圆柱齿轮的技术要求

齿轮测绘中，在齿轮的基本参数确定后，还应该确定齿轮的公差等级。在齿轮工作图上标出齿轮精度、尺寸公差、几何公差及表面粗糙度等要求，使之成为一张完整的零件图，只有这样才能制造出合格的齿轮。相关要求参考《机械设计手册》和国家标准。

4.7 圆柱螺旋压缩弹簧画法与测绘

4.7.1 圆柱螺旋压缩弹簧的参数

圆柱螺旋压缩弹簧参数如图4-22所示，主要包括以下几点。

（1）簧丝直径 d：弹簧丝的直径。

（2）弹簧外径 D：弹簧最大直径。

（3）弹簧内径 D_1：$D_1 = D - 2d$。

（4）弹簧中径 D_2：$D_2 = D_1 + d = D - d$。

（5）节距 t：除两端支承圈外，弹簧上相邻两圈对应点之间的轴向距离。

（6）有效圈数 n：工作时产生弹性变形的圈数。

（7）支承圈数 n_2：为使弹簧工作平稳，将弹簧两端并紧磨平的圈数。支承圈仅起支撑作用，常见的有 1.5 圈、2 圈、2.5 圈三种，两端各磨平 3 / 4 圈。

（8）总圈数 n_1：$n_1 = n + n_2$。

（9）弹簧自由高度 H_0：弹簧未受载荷时的高度，$H_0 = nt + (n_2 - 0.5)d$。

（10）弹簧展开长度 L：制造弹簧时所需簧丝的长度，$L \approx n_1 \sqrt{(\pi D_2)^2 + t^2}$。

（11）旋向：分左旋和右旋。

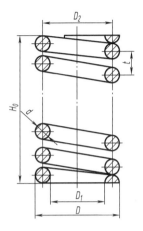

图 4-22　圆柱螺旋压缩弹簧参数

4.7.2　圆柱螺旋压缩弹簧的规定画法

已知圆柱螺旋压缩弹簧的 d、D、t、n、n_2、旋向，其画图步骤如图 4-23 所示。

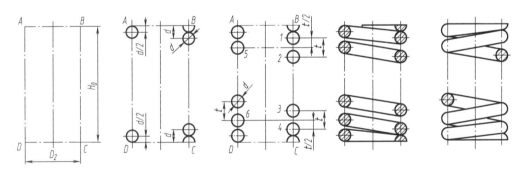

图 4-23　圆柱螺旋压缩弹簧的画图步骤

（1）计算出弹簧中径 D_2 及弹簧自由高度 H_0，画出矩形 $ABCD$。

（2）画出两端支承圈部分直径与簧丝直径相等的圆和半圆。

（3）画出有效圈部分直径与簧丝直径相等的圆。先在 BC 上根据节距 t 画出圆 2 和 3；然后从 12 和 34 的中点作水平线与 AD 相交，画出圆 5 和 6。

（4）按旋向作相应圆的公切线，画成剖视图或视图。

在装配图中，被弹簧挡住部分的结构一般不画，可见部分应从弹簧的外轮廓线或从弹簧簧丝剖面的中心线画起，如图 4-24 所示。螺旋压缩弹簧被剖切时，允许只画簧丝断面，且当簧丝直径等于或小于 2mm 时，其断面可涂黑表示，如图 4-25 所示。簧丝直径等于或小于 2mm 时，允许采用示意画法，如图 4-26 所示。

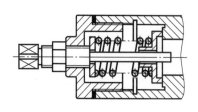

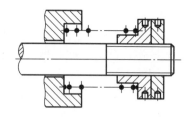

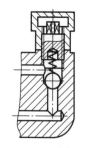

图 4-24 装配图中的弹簧画法   图 4-25 剖视图中涂黑表示弹簧   图 4-26 螺旋弹簧
                                                                                          示意画法

圆柱螺旋压缩弹簧零件图上需要标注的参数和技术要求如图 4-27 所示。

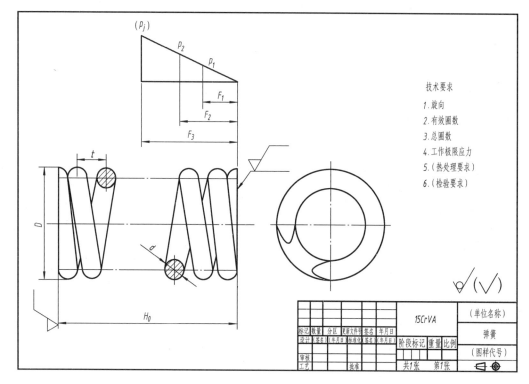

图 4-27 圆柱螺旋压缩弹簧零件图

4.7.3 圆柱螺旋压缩弹簧的测量

圆柱螺旋压缩弹簧需测量的参数:

(1)弹簧自由高度 H_0 可用游标卡尺或钢直尺测量。

(2)弹簧外径 D 和弹簧内径 D_1 可用游标卡尺或卡钳配合钢直尺测量。

(3)簧丝直径 d 可用游标卡尺直接测量并根据弹簧内、外径公式进行验算

$$d = \frac{D - D_1}{2} \qquad (4\text{-}15)$$

(4)弹簧节距 t 可通过间距 t_1 或 t_2 间接求出,如图 4-28 所示。为减小测量误差,常测

量多个间距 t_1 或 t_2，取它们的平均值。

$$t = t_1 + d \quad 或 \quad t = t_2 - d \tag{4-16}$$

弹簧节距 t 还可用滚印法测量，其方法是将复写纸夹在两白纸之间，然后将它放在平台上，弹簧在平台的白纸上滚过，在白纸上印下弹簧的印痕，通过对印痕进行测量可求出节距。

（5）工作圈数 n 及总圈数 n_1、支承圈数 n_2，当数工作圈数时，若弹簧两端未并紧，工作圈数从起点开始计数；若两端圈并紧，不管是否磨平，均要考虑不能把支承圈数混数在工作圈数之中。按我国标准规定，冷卷弹簧支承圈数 $n_2 = 2 \sim 2.5$，两端圈并紧不磨的热卷弹簧支承圈数 $n_2 = 1.5 \sim 2$。

（6）旋向确定弹簧是左旋还是右旋。

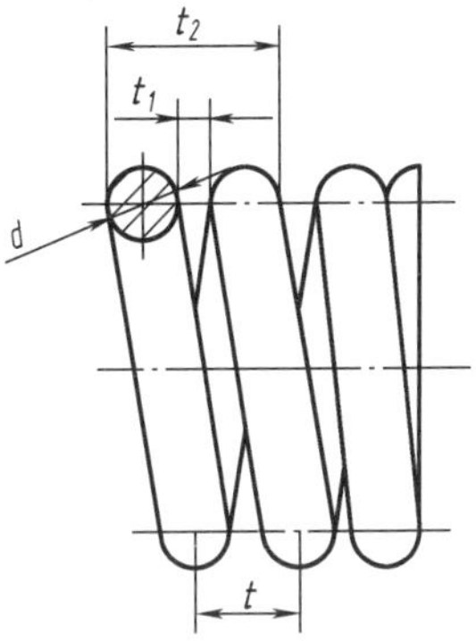

图 4-28　弹簧节距的测量

4.7.4　圆柱螺旋压缩弹簧的技术要求

1. 几何公差的选择　弹簧工作图上的几何公差要求不多，一般仅对弹簧中心线和两端面提出垂直度要求，在实际工作中参见国家标准即可。

2. 表面粗糙度的选择　圆柱螺旋压缩弹簧，一般都采用弹簧钢丝制成，所以弹簧表面均不经过机械加工，只有弹簧弹力过大时，才允许采用电抛光以减小钢丝直径，调节弹力，此时弹簧外径的表面粗糙度可要求 $Ra0.8\mu m$。

为了保证弹簧正确定位，弹簧两端常磨平加工，对于端面磨平的弹簧，端面的表面粗糙度一般为 $Ra1.6 \sim Ra6.3\mu m$。

3. 热处理要求的选择　弹簧在卷制后，都应进行热处理。若用经热处理的材料冷卷而成的弹簧，则大多只进行回火处理，而用退火材料或热卷的弹簧则必须进行淬火、回火处理。在图样上可以提出热处理和硬度要求，也可以只提硬度要求。硬度要选择恰当，过低则弹簧变软，可能会出现永久变形；过高则会使弹力降低，变得质脆而易折断，降低弹簧寿命。

4. 表面处理要求的选择　弹簧表面处理的要求在图样上必须注明。对弹簧的表面处理有发蓝、镀铬或镀锌、钝化、喷丸处理等。

5. 其他特殊处理要求的选择　有些弹簧，在图样上还需提出立定试验要求、涂漆处理、修磨锐边去毛刺等。

弹簧一般为专门生产，有些技术要求已成为工厂的工艺规范。因此，工作图样上不必全部标注。

拓展园地

艰苦创业、产业报国、重建家园、恢复生产的"东汽精神"激励着每一位中华儿女，扫描二维码观看"中国自主研制的'争气机'"，深刻体悟"打铁还需自身硬"，踏实做事、不忘初心、砥砺前行。

中国自主研制的"争气机"

第5章 综合实例——K型齿轮油泵

根据 1.2 节测绘的步骤与要求进行装配体的测绘工作。首先需要收集和查阅有关资料，了解 K 型齿轮油泵的用途、工作原理、结构特点及装配关系；然后正确拆卸部件，了解装配关系；之后确定表达方法、目测比例、徒手绘制草图、测量尺寸并标注；最后进行三维建模、导出二维工程图并训练尺规绘图。

5.1 齿轮油泵概述

齿轮油泵是依靠泵体内啮合齿轮间形成的工作腔的容积变化来输送液体或使之增压的装置。齿轮油泵结构简单、尺寸小、重量轻、制造方便；但因需承受不平衡背向力，所以磨损和噪声都较大。齿轮油泵按其结构不同可分为外啮合式和内啮合式，如图 5-1 所示为外啮合式 K 型齿轮油泵，通常外啮合式齿轮油泵主要用于低压和对噪声要求不高的场合。

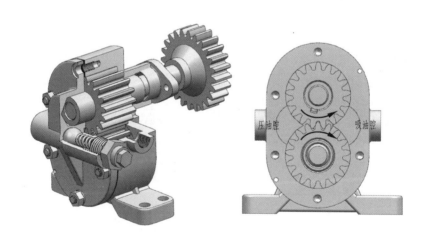

图 5-1　外啮合式 K 型齿轮油泵

5.1.1 齿轮油泵零件分析

外啮合齿轮油泵由一对齿数相同的齿轮、齿轮轴、轴套、泵盖和泵体等组成，测绘的 K 型齿轮油泵分解图如图 5-2 所示。

5.1.2 齿轮油泵工作原理

齿轮油泵泵体内有一对相同模数、相同齿数的齿轮，齿轮的两个端面靠泵盖密封。泵体、泵盖和齿轮的各齿槽组成了密封的容积。两齿轮沿齿宽方向的啮合线把密闭容积分成吸油腔和压油腔两部分，且在吸油和压油过程中彼此互不相通，如图 5-1 所示。

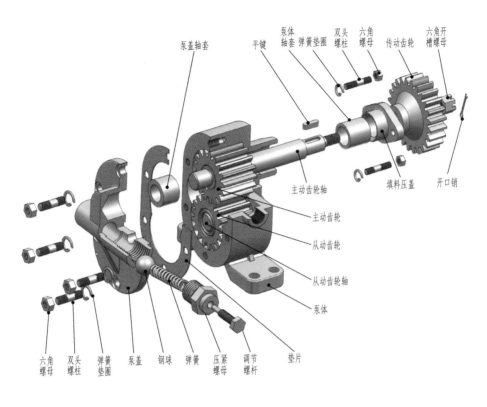

泵盖轴套　平键　泵体轴套　弹簧垫圈　双头螺柱　六角螺母　传动齿轮　六角开槽螺母

主动齿轮轴　填料压盖　开口销

主动齿轮　从动齿轮　从动齿轮轴　泵体

六角螺母　双头螺柱　弹簧垫圈　泵盖　钢球　弹簧　压紧螺母　调节螺杆　垫片

图 5-2　K 型齿轮油泵分解图

1. 吸油过程　当齿轮按如图 5-3 所示箭头方向旋转时，右侧油腔由于轮齿逐渐脱开，使右侧密闭容积增大，形成局部真空。油液在大气压的作用下，从油箱经过油管被吸到右边油腔，充满齿槽，随着齿轮的旋转被带到左边油腔。

2. 压油过程　左侧的油腔，由于齿轮逐渐进入啮合，使左侧密闭的容积逐渐减小，齿槽中的油液受到挤压，从出油口排出。当齿轮不断旋转时，吸油腔不断吸油，压油腔不断压油。正是由于齿轮在啮合时引起左、右腔容积大小的变化，从而实现了吸油和排油的过程。

3. 压力调节　当出油口压力超过正常值时，从图 5-3 可知安全阀的调压阀门被顶开，油液流回到进油口，从而恒定出油口的压力，起到压力调节作用。

4. 困油现象　K 型齿轮油泵齿轮一般采用渐开线齿形。为运转平稳，要求齿轮的重合度 ε 大于 1，即前一对啮合齿尚未脱离啮合时，后一对齿已进入啮合。在部分时间内相邻两对齿会同时处于啮合状态，形成一个封闭空间，使一部分油液困在其中。而这封闭空间的容积又将随着齿轮的转动而变化（先缩小，然后增大），如图 5-4 所示，从而产生困油现象。困油的危害是产生噪声和振动，使轴承受很大的背向力，功率损失增加，容积效率降低，对泵的工作性能和使用寿命都有损伤。排除

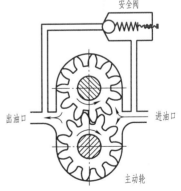

图 5-3　吸油、排油工作原理

这种危害的方法是开卸荷槽，如图5-5所示。

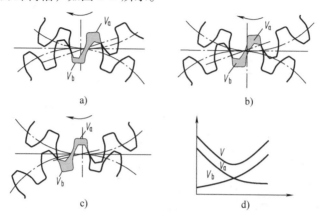

图5-4　齿轮困油现象

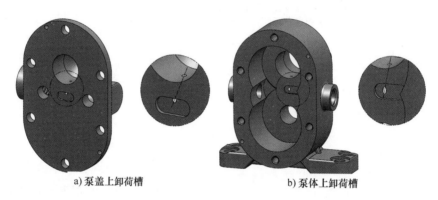

a) 泵盖上卸荷槽　　　　　　　　　　　　b) 泵体上卸荷槽

图5-5　卸荷槽

5.2　拆卸部件，绘制装配示意图

5.2.1　齿轮油泵拆卸路线

　　拆卸零件、分解部件的过程也是观察和了解部件中各零件作用、结构、装配关系的过程。拆卸过程注意事项如下：

　　（1）拆卸前应仔细研究拆解的顺序和方法，并选择适当的工具，对于不可拆卸的联接和过盈配合的零件尽可能不拆，例如测绘的K型齿轮油泵泵体与轴套是过盈配合，不拆卸。

　　（2）对于零件数量较多的部件，必须给拆下的零件贴上编号标签妥善保管，编码方法见1.4节零件命名及图样编号。

　　（3）对于精度较高的零件应该注意避免碰伤、变形和生锈。

　　（4）对于标准件要及时确定其规格尺寸，查出标准代号，连同数量直接填入零件一览表中或注写在装配示意图上。

　　测绘的K型齿轮油泵有两条装配路径，在拆卸路径图上可表示为"泵体输油装置"的主装配线和"泵盖调压装置"的次装配线，如图5-6所示。

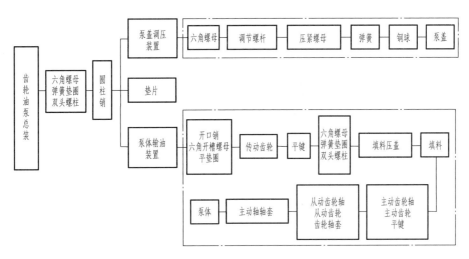

图 5-6　K 型齿轮油泵拆卸路径方框图

注：1. 图示拆卸顺序不是唯一结果。

2. 轴套和齿轮轴套均为过盈配合，可不拆卸。

5.2.2　齿轮油泵装配示意图

1. 装配示意图定义及特点　装配示意图又称装配简图，是在机器（或部件）拆卸过程中所画的记录图样，它能示意性地表达各零件间的装配关系、运动状态、工作原理、联接方式以及零件的大致轮廓。它的主要作用是避免零件拆卸后产生混乱，是重新装配机器和绘制装配图的依据。

装配示意图可细分为总体装配示意图（简称总体示意图）和结构装配示意图（简称结构示意图）。前者以表达机器中各组成部分的总体布局和相对位置为主，后者以表达装配的结构位置、联接方式为主。装配示意图的主要特点有：

（1）装配示意图是把装配体设想为透明体而画出的，因此既可以画出外部轮廓，又可画出内部结构，但它绝不是剖视图。

（2）装配示意图是用规定符号及示意画法画出的图。各零件只画总的轮廓，或用简单线条表示。一些常用零件及构件的规定符号，如螺柱、垫圈、轴承、弹簧等零件的图形符号可参阅国家标准《机械制图　机构运动简图用图形符号》（GB/T 4460—2013）。

（3）装配示意图一般只画一两个视图，而且两接触面之间一般要留出间隙，以便区分零件，这与画装配图的规定不同。

（4）装配示意图各部分之间大致符合比例，特殊情况可放大或缩小。

（5）装配示意图可用涂色、加粗线条等手法，使其更形象化。常用展开画法和旋转画法等。

（6）装配示意图上的内、外螺纹均用示意画法。内、外螺纹配合可分别画出，也可只按外螺纹画出。

（7）装配示意图绘制后，需要进行零件编号并列表注明各零件的名称、数量、材料等，对于标准零件要及时确定其规格尺寸。

2. K 型齿轮油泵装配示意图的绘制　为了避免零件拆卸后产生混乱，绘制 K 型齿轮油泵装配示意图，如图 5-7 所示。

从图 5-7 中可以看出压力调节装置工作过程：齿轮油泵出油口的油压是由调节螺杆 29 转动实现压紧螺母 28 运动，从而调节弹簧 27 对于钢球 26 的压力而达到规定的压力要求；

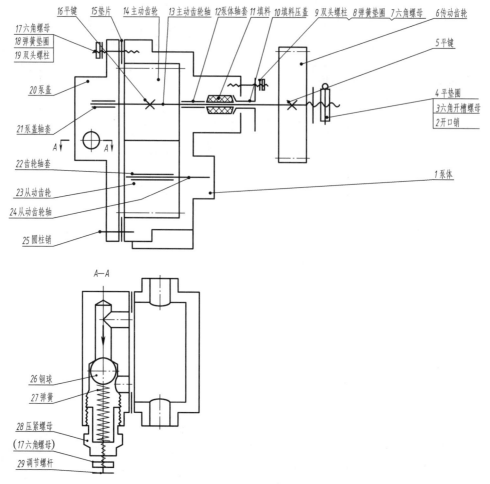

图 5-7 K 型齿轮油泵装配示意图

而后由六角螺母 17 锁紧。当齿轮油泵出口管路堵塞或出油口油压超过规定值时，油液沿图示箭头方向顶开钢球阀门，流回到进油口，从而使出油口自动泄压，使油压达到正常值；既保护了齿轮油泵又保护了电动机不会过载，因此又称其为齿轮油泵安全阀。

　　装配示意图除绘制表达零部件装配关系的简图、零件编号、零件名称外，还应绘制并填写标题栏和明细栏，K 型齿轮油泵装配示意图见附录 D，请参考图 5-7 查出标准件代号并填写在标准件明细栏中。

5.3　绘制零件草图

5.3.1　齿轮油泵零件明细

　　测绘的 K 型齿轮油泵共有 29 种零件，其中标准件 12 种，非标件 17 种，零件名称和相关信息见表 5-1。标准件不需要绘制草图，但要测量并确定出其规格尺寸，并根据其结构和外形，从有关标准中查出它的标准代号，把名称、代号、规格尺寸等填入装配示意图和装配图的明细栏中。

表 5-1　K 型齿轮油泵零件明细

编号	名　称	规　格	数　量	材　料	备　注
1	泵体		1	HT200	
2	开口销	2.5×26	1	低碳钢	GB/T 91—2000
3	六角开槽螺母	M10	1	Q235A	GB/T 6178—1986
4	平垫圈	10	1	Q235A	GB/T 97.1—2002
5	平键	5×5×18	1	45	GB/T 1096—2003
6	传动齿轮		1	45	
7	六角螺母	M6	2	Q235A	GB/T 6170—2015
8	弹簧垫圈	6	2	Q235A	GB/T 93—1987
9	双头螺柱	M6×30	2	Q235A	GB/T 898—1988
10	填料压盖		1	ZL102	
11	填料		1	石棉	
12	泵体轴套		1	锡青铜	
13	主动齿轮轴		1	45	
14	主动齿轮		1	45	
15	垫片		1	工业用纸	
16	平键	6×6×25	1	45	GB/T 1096—2003
17	六角螺母	M8	7	Q235A	GB/T 6170—2015
18	弹簧垫圈	8	6	Q235A	GB/T 93—1987
19	双头螺柱	M8×22	6	Q235A	GB/T 898—1988
20	泵盖		1	HT200	
21	泵盖轴套		1	锡青铜	
22	齿轮轴套		1	锡青铜	
23	从动齿轮		1	45	
24	从动齿轮轴		1	45	
25	圆柱销	A4×24	2	35	GB/T 119.1—2000
26	钢球		1	45	
27	弹簧		1	65Mn	
28	压紧螺母		1	ZL102	
29	调节螺杆		1	ZL102	

注：零件编号与装配示意图、泄压机构示意图一一对应。

5.3.2　齿轮油泵分解及图样编号

齿轮油泵的型号一般有 KCB、YCB 齿轮泵和 NYP 转子泵等常规产品。其中，KCB 表示带安全阀的齿轮泵，YCB 表示圆弧齿轮泵（圆弧是指此种齿轮泵的结构特点，是外表上的判断，具体参数看齿轮油泵的说明和保修卡上的信息）。本课程拆卸的是带有安全调压装置的齿轮泵，属于 KCB 型号。

为便于图样管理，对于复杂的机器或部件，其图样要根据总装、部装、零件等进行编号。课程拆卸的装配体通常比较简单，但为进行综合训练，参照 1.4 节零件的编号相关内容，根据 K 型齿轮油泵装配特性进行分解并编写图号。课程拆卸的齿轮油泵因无流量说明，所以总装图代号定为 KCB-0。在装配过程中，主动齿轮轴 13、主动齿轮 14 和平键 16 需要先装配好作为整体进行组装；泵体 1 与泵体轴套 12、泵体 1 与从动齿轮轴 24、泵盖 20 与泵盖轴套 21、从动齿轮 23 与齿轮轴套 22 都是过盈配合，需要先用压力机装配后作为整体进行组装，所以根据装配工艺将以上四组定为部装，图号分别记做：KCB.1（第一个部装图代号）、KCB.2（第二个部装图代号）等；部装下的零件图 KCB.1-1（第一个部装图下的第一个零件图代号）等，如此进行图号的编写，K 型齿轮油泵全隶属关系编号如图 5-8 所示。

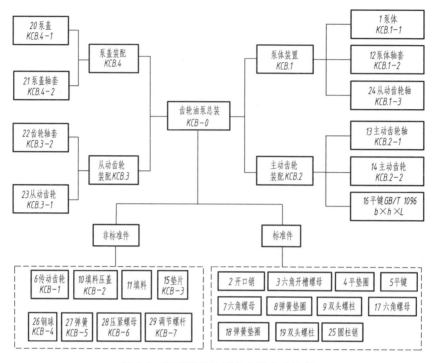

图 5-8 K 型齿轮油泵全隶属关系编号

5.3.3 分析零件确定表达方案

1. 了解分析测绘零件 首先了解零件的名称、材料以及在齿轮油泵中的位置和作用，然后对零件的结构、制造方法进行分析。

以泵盖为例讲述分析过程：泵盖由 HT200 铸造而成，属于盘类零件。为了支撑主动齿轮轴，泵盖上加凸台并内开一个圆柱盲孔；为实现安全功能，泵盖上增加圆柱体结构并加工阶梯不通孔和螺纹孔来安装圆球、弹簧等调压装置；为避免齿轮啮合过程产生困油现象，需在泵体对应位置开卸荷槽；为与泵体联接，凸缘结构上开六个沉孔用螺柱装配，开两个通孔用销钉定位；因为是铸件，其外形结构上还有典型的铸造圆角，泵盖如图 5-9 所示。

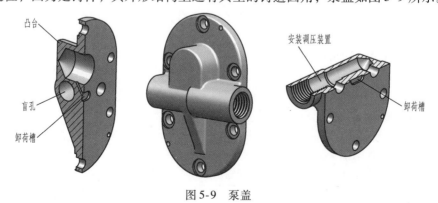

图 5-9 泵盖

2. 零件的表达方案 泵盖是盘类零件。轴孔平放，主视图采用旋转剖表达内部结构，左视图和右视图表达形状特征。为了更清楚地表达压力调节孔的内部结构，俯视图采用全剖并加局部视图表达圆柱特征投影，草图绘制过程如图 5-10 所示。

5.3.4　徒手绘制零件草图

确定表达方案后，目测尺寸徒手绘制草图，其步骤如下：

1）确定绘图比例。根据零件大小、视图数量、现有图样大小，确定适当的比例。

2）绘制图框和标题栏。

3）绘制基准线和中心线，布置视图。

4）徒手绘制零件草图。

5）绘制尺寸界线、尺寸线、箭头。

绘制过程如图 5-10 所示。

5.3.5　测量标注尺寸

合理使用量具按照绘制的尺寸界线逐个测量零件尺寸，并标注在零件草图中。测量注意事项如下：

1）测量尺寸时，应正确选择测量基准，以减小测量误差。泵盖长度方向尺寸基准应选择与泵体结合面为主要基准，泵盖宽度方向为基本对称形体，选择对称面为主要尺寸基准，泵盖高度方向选择主动齿轮轴孔轴线为主要基准。

2）零件间有联接关系或配合关系的部分，它们的公称尺寸相同。测量时只需测出其中一个零件的相关公称尺寸，即可分别标注在两个零件的对应部分上，以确保尺寸协调。例如泵盖和轴套的配合关系。

3）零件上标准化结构，如倒角、圆角、退刀槽、螺纹、键槽、沉孔、销孔等，测量后应查相关手册，选取标准尺寸。

泵盖零件尺寸测量后标注的零件草图如图 5-10d 所示。

5.3.6　技术要求确定

根据泵盖在装配体中的位置、作用等因素运用类比法确定表面结构、尺寸公差、几何公差、材料及热处理等要求。

1. 尺寸公差的选择　主要尺寸应保证其精度要求，如泵盖与泵盖轴套是配合关系，泵盖上轴套孔需要标注尺寸公差。测绘的泵盖轴套孔是基孔制，标准公差等级为 H7。在测绘中标准公差等级的选用可以通过查阅其他零件图运用类比法或参照表 3-1 至表 3-5 确定。

2. 几何公差的选择　泵盖无相对运动，没有几何公差要求。

3. 表面粗糙度的选择　加工表面应标注表面粗糙度，有相对运动的配合表面和结合表面，其表面粗糙度等级要求较高。泵盖上与泵盖轴套有配合要求的轴套孔的表面粗糙度要求较高，为 $Ra1.6\mu m$，泵盖与其他零件的接触面的表面粗糙度值为 $Ra3.2\mu m$，螺柱孔的表面粗糙度要求较低，为 $Ra6.3\mu m$，其他非接触面不用加工，铸造表面粗糙度即可。

4. 材料与热处理的选择　泵盖为铸造零件，材料选用 HT200，其毛坯应经过时效热处理，铸造圆角 $R2$，对未加工表面进行去毛刺处理，这些内容可在零件图的技术要求中用文字注写。

5.3.7　检查修改填写标题栏

再一次全面检查图样，确定无误后，填写标题栏，完成泵盖零件图，如图 5-11 所示。

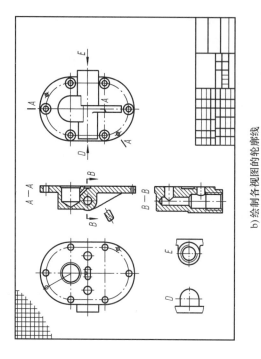

a) 绘制图框、标题栏、基准线和中心线

b) 绘制各视图的轮廓线

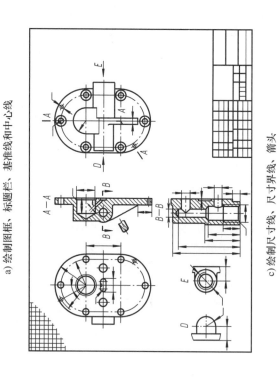

c) 绘制尺寸线、尺寸界线、箭头

d) 测量尺寸并标注、填写标题栏

图5-10 草图绘制过程

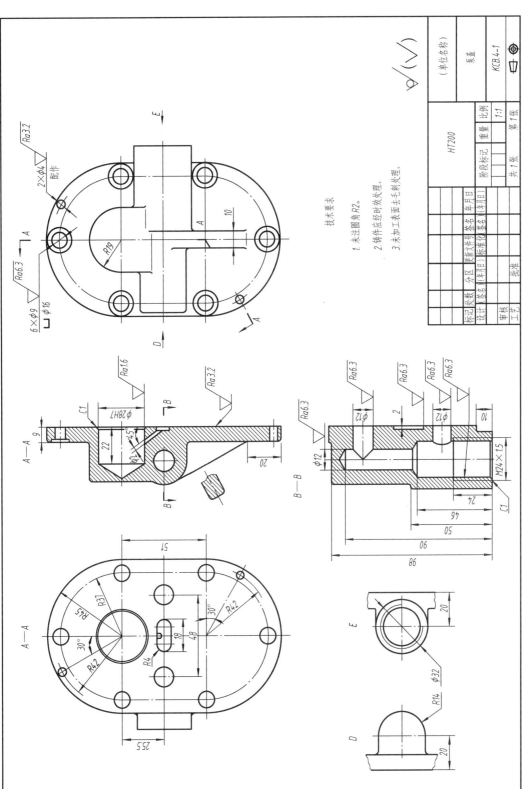

图5-11 泵盖零件图

技术要求

1. 未注圆角 R2。
2. 铸件应经时效处理。
3. 未加工表面去毛刺处理。

				HT200		(单位名称)
			阶段标记	重量	比例	泵盖
					1:1	KCB 4-1
设计	(签名)	(年月日)		第 1 张	共 1 张	
标记	处数	分区	更改文件号	签名	年月日	
审核			标准化	(签名)	(年月日)	
工艺			批准			

5.4　三维建模并生成工程图

5.4.1　三维建模

根据草绘的泵盖零件图，在三维软件环境下建模，其三维建模如图 5-12 所示。建模完成后，在三维软件的工程图模块中选择合适的表达方案生成零件的工程图，泵盖工程图如图 5-17 所示。

5.4.2　三维软件出工程图

在三维软件下出工程图，应先设置好环境变量，以达到事半功倍的效果。以 NX 软件为例，讲述主要参数设置。

选择下拉菜单【首选项】—【制图】，然后在弹出对话框中就【公共】、【视图】、【尺寸】、【注释】等所属参数进行设置。

图 5-12　泵盖三维建模

1.【公共】—【文字】设置　在工程图中需要添加必要的文字说明，如技术要求等。NX 默认字体不符合国家标准对文字的要求，需要对【公共】对话框中的【文字】进行设置。参数设置：将文本颜色设置为黑色，以便于打印和导出 .dwg 文件；字体设置为【仿宋】；通常 A4、A3 和 A2 号图样字高【高度】设置为【5】、A1 和 A0 号图样字高【高度】设置为【7】；【宽高比】设置为【0.7】或【0.8】（长仿宋体）；设置【行间隙因子】，根据需求改变字间距等，【公共】—【文字】设置如图 5-13 所示。

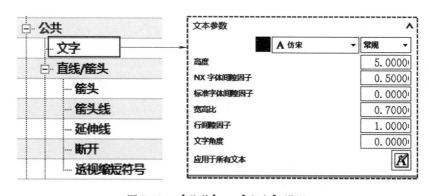

图 5-13　【公共】—【文字】设置

2.【视图】—【公共】设置

（1）【可见线】设置：在 NX 环境下直接打印图样，线宽无须设置。但如果导出为 PDF 文件打印时，系统默认线宽粗细线区分不明显。所以，在生成工程图前首先进行可见线设置：将颜色改为黑色；线宽可以根据需要进行设置，一般在 0.5 ~ 1.4mm 之间，如图 5-14 中①所示。

（2）【隐藏线】设置：通常零件不可见部分无须表达，在【处理隐藏线】选项中选择【不可见】即可；若零件不可见部分需要表达则单击右侧黑色倒三角，切换到所需线型即可，如图 5-14 中②所示，图中选择的是常见的虚线线型。

（3）【着色】设置：通常工程图【渲染样式】为【线框】模式，默认设置无须更改。如果需要生成有实体效果的视图（如轴测图），则需要将【线框】模式切换至【完全着色】模式，如图 5-14 中③所示。

（4）【光顺边】设置：光顺边即相切的过渡线（如圆角边）通常无须表达，系统默认即可。若需显示，则选中【显示光顺边】复选按钮并设置其颜色、线型和线宽即可，如图 5-14 中④所示。

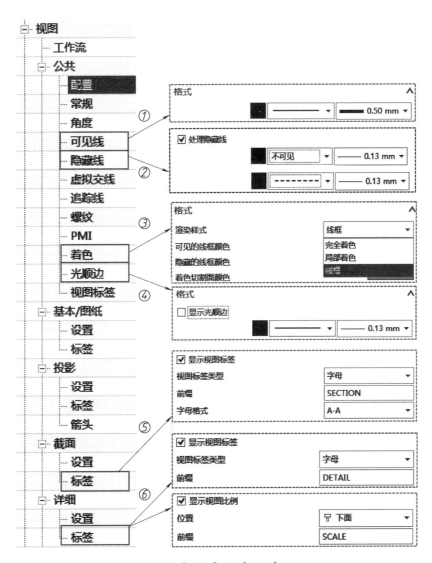

图 5-14　【视图】—【公共】设置

（5）【截面】—【标签】设置：零件表达方案中常见各种剖视图，剖视图的生成方法见 UG 相关参考书。在 NX 环境中生成的剖视图默认的注释与国标不符，应该将图5-14中⑤的【前缀】【SECTION】删除，只标注图名【A-A】即可。

（6）【详细】—【标签】设置：此处指的是局部放大图等细节图的参数设置。在 NX 环境中生成的局部放大图默认有【DETAIL】字样、【字母】、【SCALE】字样、【比例尺】四个要素，需要将【显示视图标签】中的【DETAIL】和【显示视图比例】中【SCALE】字样删除，视图标注中只保留字母（图名）和比例尺即可，如图5-14中⑥所示。

3.【尺寸】—【文本】设置　【尺寸】对话框中主要进行【文本】参数设置。在【方向和位置】对话框中将【位置】设置为【文本在短划线之上】，这样当指引尺寸为水平时尺寸数值将自动置于数字线的上方。在【附件文本和尺寸文本】对话框中字体可以选用默认的【blockfont】，也可设置为【Times New Roman】。通常 A4、A3 和 A2 号图样数字与字母字高【高度】设置为【3.5】、A1 和 A0 号图样数字与字母字高【高度】设置为【5】。【尺寸】—【文本】设置如图5-15所示，其他参数根据需要设置即可。

注意： 三维环境下生成的工程图如果需要导出 AutoCAD 图，尺寸文本颜色最好改为黑色，否则导出图中尺寸数值为蓝色，打印会有灰度变化且修改烦琐。

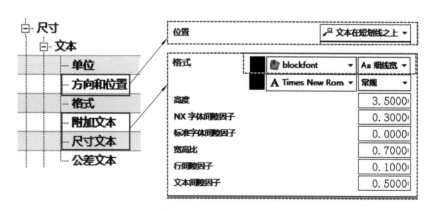

图5-15　【尺寸】—【文本】设置

4.【注释】—【剖面线/区域填充】设置　【注释】对话框中有八项参数设置，通常主要进行【剖面线】设置。不同材料应该选用不同的剖面线符号，金属材料剖面线在【剖面线】对话框中【断面线定义】选用默认的【xhatch.chx】即可，【图样】采用默认的通用设置即可。如果需要改变剖面线间隔和方向，设置【距离】、【角度】即可。

注意： 单击图样选择框右侧的小黑三角会有常见材料钢、铝等材质。如果选用后绘制的剖面线与国标不符，请注意进行切换。【注释】—【剖面线/区域填充】设置如图5-16所示。

设置环境变量后根据表达方法进行工程图的生成，NX 中生成的泵盖工程图如图5-17所示。其中，图框可以先绘制好模版文件，在工程图环境中选择【文件】—【导入】—【部件】即可。

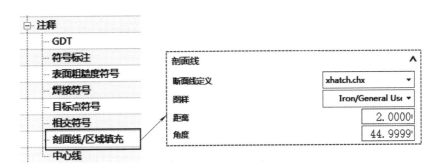

图 5-16　【注释】—【剖面线/区域填充】设置

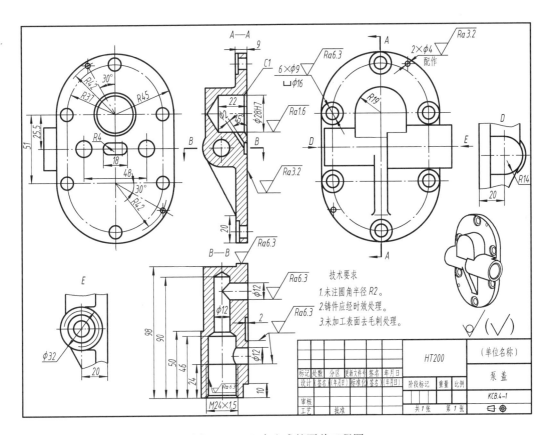

图 5-17　NX 中生成的泵盖工程图

5.4.3　工程图导出为 AutoCAD 图

在三维软件环境下生成的工程图有时需要转为 AutoCAD 的 .dwg 图形文件。以 NX 10.0 版本软件为例，在【制图】模块生成零件图后，单击【文件】—【导出】—【AutoCAD DXF/ dwg】，然后按照图 5-18 设置，单击【下一步】完成其他个性化设置或直接单击【完成】，就可实现格式转化，然后在 AutoCAD 软件环境中实现工程图的完善即可。其中，《机械工程 AutoCAD 制图规则》（GB/T 14665—2012）部分内容见附录 E。

注意： 在 NX 10.0 版本软件生成的工程图导入到 AutoCAD 2012 版本软件后，如果需要修改其线宽等特性，需要先用【特性】工具进行修改，无法直接通过【图层】设置实现改变。

图 5-18　NX 导出 AutoCAD 图样设置

5.5　绘制装配图

上述为泵盖从零件测绘到工程图生成的全过程，齿轮油泵除泵盖外还需进行泵体、传动齿轮、齿轮轴套、填料压盖、弹簧等非标准件的测绘、建模和工程图的生成；螺柱、螺母等标准件还需对照国标进行测绘和型号确定；最终完成整个装配体所有零件的测绘。

完成零部件测绘和工程图后，需要根据零件图尺寸完成装配图，齿轮油泵装配图如图 5-19所示，绘图步骤如下：

1. 确定视图方案　齿轮油泵选择工作位置放置，主视图选用轴向作为投射方向，因为该投射方向能够较多地反映出齿轮油泵主要零件的形状特征和各零件的装配关系。主视图采用全剖，表达出齿轮油泵内部各零件之间相对位置、装配关系以及双头螺柱的联接情况。左视图从泵体与泵盖结合面进行剖切，表达出两齿轮的啮合情况及齿轮油泵的工作原理，同时表达出螺柱与圆柱销沿泵体四周的分布情况，并采用局部剖表达泵体上进油孔的流通情况。因为前后对称，选用半剖视图实现内部结构和外部轮廓的共同表达。齿轮油泵前后对称，右视图可以只画一半，表达泵体与填料压盖的形状特征和螺柱的装配位置。俯视图从进油口轴线采用全剖视图，并将齿轮拆去后进行绘图，表达了次装配线齿轮油泵压力调节装置的工作原理。*B* 向视图单独表达泵盖的特征投影。

2. 确定比例和图幅　确定装配体表达方案后，根据齿轮油泵的总体尺寸、复杂程度确定绘图比例；在考虑比例的同时考虑尺寸标注、零件序号和明细栏所占的位置，综合确定图幅大小。

3. 绘制装配图

（1）布图。在选定的图幅上将标题栏和明细栏的位置定好，然后绘制各个视图的轴线、中心线、基准位置线进行布图。

（2）画主要零件的轮廓。根据齿轮油泵实物，按照先画主要零件或较大零件的顺序，画出泵体各视图的轮廓线，绘图一般先从主视图开始，几个视图结合起来画。

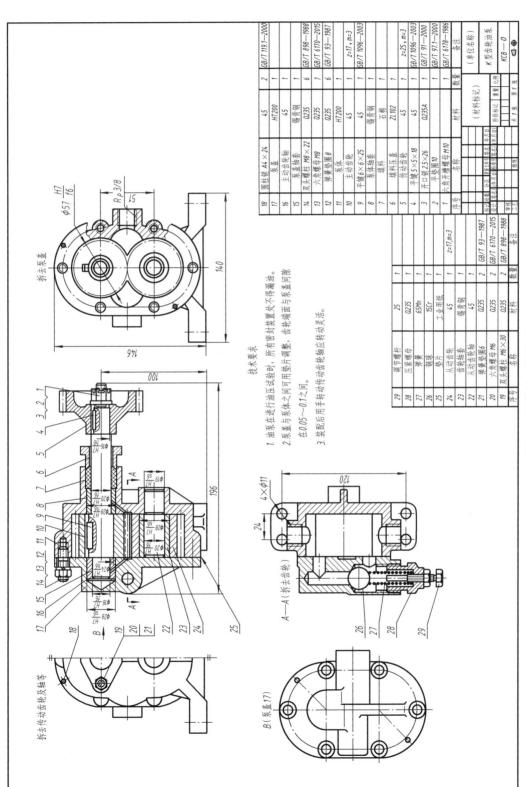

图5-19 齿轮油泵装配图

（3）画其他零件。按照各零件的大小、相对位置和装配关系依次按定位和遮挡关系将各零件表达出来。

在剖视图中，由于内部零件遮挡了外部零件，在不影响零件定位的条件下，一般由内向外逐个画出，即先画轴，再画装在轴上的其他零件。有些部件也可以从壳体或基座入手绘制，再将其他零件按次序逐个绘制，即从外向内绘图。

（4）检查、填充。完成联接件等局部结构的绘制并检查修正，填充剖面线。

（5）尺寸标注。齿轮油泵装配图应标注以下尺寸。

1）性能尺寸。齿轮油泵的性能、规格大小尺寸，如管螺纹孔尺寸 $R_p3/8$。

2）装配尺寸。包括配合尺寸——表明配合性质的尺寸，如轴套与泵体支承孔的配合尺寸 $\phi28H7/n6$ 为过盈配合；定位尺寸——与基准面确定其装配位置尺寸，如主动齿轮轴到高度基准面底板的高度为100mm；两轴中心距，主动齿轮轴与从动齿轮轴的中心距为51mm。

3）安装尺寸。将机器或部件安装到基座、机器上的安装定位尺寸，如齿轮油泵底板上四个螺栓孔中心距为120mm和24mm。

4）外形尺寸。齿轮油泵外形轮廓尺寸，总长196mm、总高146mm、总宽140mm。

5）其他重要尺寸。经过设计、计算得到的尺寸或主要零件结构尺寸。

（6）注写技术要求。装配图中技术要求有规定标注法和文字注写两种。规定标注法是指零件装配后应满足的配合技术要求，如配合 $\phi19H7/s6$。文字注写是指在装配图空白处就润滑要求、密封要求、检验试验等提出的操作规范及要求。

（7）完成装配图。加深图线、编写零件序号、填写标题栏和明细栏，完成齿轮油泵装配图，如图5-19所示。

 拓展园地

劳动是人类的本质活动，是一切成功的必经之路，人只有通过劳动创造，才能实现自己的人生价值。扫描二维码观看"劳动彰显国魂"，让我们从劳动中汲取智慧，提升品质，做好未来职业人。

劳动彰显国魂

第6章 机械制图课程测绘总结报告

机械制图课程测绘总结报告是在测绘实训后用文字的形式对测绘过程进行最后梳理，目的是强化测绘流程、锻炼文字表达能力。总结报告需按统一格式撰写，要求文字简明通顺、论述清楚、排版整齐，报告书格式如下。

测绘地点：_____ 测绘类别：□固定题目 □自选题目

学院：_____专业（班）：_____姓名：_____学号：_____

小组成员：_____

成绩评定：

得　　分	项　　　目				总　　评
	测绘过程评价（30分）	草图（20分）	零件图、装配图（40分）	建模、总结报告等（10分）	
（分）					

1. 选题内容（固定题目写装配体名称即可、自选题目写名称并附装配体特征视图）

2. 回答问题

（1）该装配体由哪些零件构成？哪些是标准件？叙述各零件所起的作用。

（2）分析装配体的工作原理。

（3）分析并叙述装配体的拆装顺序。

（4）分析装配体的表达方案（采用什么表达方法？表达的重点是什么？）

（5）分析装配图中的尺寸及各配合的种类。

3. 个人测绘重点

（1）零部件拆画。

备注：按照分工徒手绘制其零件图（包括选择比例、图幅，确定表达方案，标注全部尺寸，书写技术要求，绘制图框和标题栏，答辩时需提交）。

1）拆画零件1（写出装配图中零件编号和名称，例如，1 泵体）：_____

2）拆画零件2（写出序号和名称）：_____

3）拆画零件3（写出序号和名称）：_____

4）拆画零件4（写出序号和名称）：_____

（2）三维建模和生成工程图。

1）根据箱体零件草图在三维软件中建模并选择实体模型合适角度截图，在工程图模块生成零件工程图样并截图。

2）根据轴类或盘类零件草图在三维软件中建模并选择实体模型合适角度截图，在工程图模块生成零件工程图样并截图。

（3）虚拟装配（选作）。将小组合作完成的全部模型在三维软件环境下进行装配，并将装配实体图和工程图截图。

4. 测绘过程评价 测绘实训更注重过程性评价，测绘过程以半天为单元，完成测绘任务教师签章，一次3分，签章表见表6-1。

表6-1 测绘过程评价

第一天		第二天		第三天		第四天		第五天	
上午	下午	上午	下午	上午	下午	上午	下午	上午	下午
小组分工，了解工作原理并拆卸	完成零件草图(包括：表达方案确定、徒手绘图、量具使用)	三维建模并生成工程图		尺规绘制工程图 三维软件出工程图		修正所有图样。 选作：虚拟装配	填写项目任务书	撰写课程总结500字	整理材料并上交。打扫卫生
进度审核签章									

备注：指导教师可根据实际情况对测绘课时分配进行适当调整。

5. 体会和建议（不少于500字）

6. 提交材料 机械制图课程测绘实训结束需要提交材料见表1-4。

 拓展园地

科学家的"胸怀祖国、服务人民的爱国精神，勇攀高峰、敢为人先的创新精神，追求真理、严谨治学的求实精神，淡泊名利、潜心研究的奉献精神，集智攻关、团结协作的协同精神，甘为人梯、奖掖后学的育人精神"激励着每一位工程技术员。扫描二维码观看"科学家精神"，追随榜样，培养工程素养。

科学家精神

附　　　录

附录 A　齿轮油泵测绘零件草图分配表

学　生	测绘零件 1	测绘零件 2	测绘零件 3	测绘零件 4
A	泵体 1	从动齿轮轴 24	主动齿轮 14	泵体轴套 12
B	泵盖 20	主动齿轮轴 13	填料压盖 10	弹簧 27
C	泵体 1	从动齿轮轴 24	从动齿轮 23	调节螺杆 29
D	泵盖 20	主动齿轮轴 13	传动齿轮 6	压紧螺母 28

附录 B　设计文件尾注号

序　号	名　　称	尾注号	字母含义
1	市场预测报告	SC	市场
2	技术调研报告	JC	技查
3	先行试验大纲	XD	先大
4	先行试验报告	XY	先验
5	可行性分析报告	KX	可行
6	可行性分析评审报告	KP	可评
7	新产品开发项目建议书	CJ	产建
8	技术报价书	JB	技报
9	技术协议书	JX	技协
10	技术（设计）任务书	JR	技任
11	技术建议书	JJ	技建
12	研究试验大纲	SG	试纲
13	研究试验报告	SB	试报
14	计算书	JS	计书
15	技术设计说明书	SS	设说
16	型式试验报告	XS	型试
17	试用（运行）报告	SY	试用
18	技术经济分析报告	JF	经分
19	标准化审查报告	BS	标审
20	试验总结	SZ	试总

（续）

序 号	名 称	尾注号	字母含义
21	试验鉴定大纲	SJ	试鉴
22	文件目录	WM	文目
23	图样目录	TM	图目
24	明细表	MX	明细
25	通（借）用件汇总表	T（J）Y	通（借）用
26	外购件汇总表	WG	外购
27	标准件汇总表	BZ	标准
28	技术条件	JT	技条
29	产品特性重要度分级表	CZ	产重
30	设计评审报告	SP	设评
31	使用说明书	SM	说明
32	合格证（合格说明书）	ZM	证明
33	质量证明书	ZZ	质证
34	装箱单	ZD	装单
35	包装文件	BZ	包装
36	早期故障分析报告	ZG	早故
37	用户验收报告	YY	用验

注：通（借）用件汇总表可分为：通用件汇总表　TY 通用；借用件汇总表　JY 借用。

附录 C　公差等级的选择

公差等级	应用条件说明	应用举例
IT01	用于特别精密的尺寸传递基准	特别精密的标准量块
IT0	用于特别精密的尺寸传递基准及宇航中特别重要的极个别机密配合尺寸	特别精密的标准量块；个别特别重要的精密机械零件尺寸。校对检验 IT6 级轴用量规的校对量规
IT1	用于精密的尺寸传递基准、高精密测量工具、特别重要的极个别精密配合尺寸	高精密标准量规；校对检验 IT7 ~ IT9 级轴用量规的校对量规；个别特别重要的精密机械零件尺寸
IT2	用于高精密的测量工具、特别重要的精密配合尺寸	检验 IT6 ~ IT7 级工件用量规的尺寸制造公差，校对检验 IT8 ~ IT11 级轴用量规的校对塞规；个别特别重要的精密机械零件的尺寸
IT3	用于精密测量工具、小尺寸零件的高精度的精密配合及与/P4 级滚动轴承配合的轴径和外壳孔径	检验 IT8 ~ IT11 级工件用量规和校对检验 IT9 ~ IT13 级轴用量规的校对量规；与特别精密的/P4 级滚动轴承内孔（直径至 100mm）相配合的机床主轴、精密机械和高速机械的轴径；与/P4 级深沟球轴承外环外径相配合的外壳孔径；航空、航海工业中，导航仪器上特殊精密的个别小尺寸零件的精密配合

（续）

公差等级	应用条件说明	应用举例
IT4	用于精密测量工具、高精度的精密配合和/P4 级、/P5 级滚动轴承配合的轴径和外壳孔径	检验 IT9～IT12 级工件用量规和校对 IT12～IT14 级轴用量规的校对量规与/P4 级轴承孔（孔径大于 100mm 时）及与/P5 级轴承孔相配合的机床主轴，精密机械和高速机械的轴径；与/P4 级轴承相配合的机床外壳孔；柴油机活塞销及活塞销座孔径；高精度（1～4 级）齿轮的基准孔或轴径；航空及航海工业导航仪器中特殊精密的孔径
IT5	用于机床、发动机和仪表中特别重要的配合，在配合公差要求很小，形状精度要求很高的条件下，这类公差等级能使配合性质比较稳定，相当于旧国标中最高精度（1 级精度轴），故它对加工要求较高，一般机械制造中较少应用	检验 IT11～IT14 级工件用量规和校对 IT14～IT15 级轴用量规的校对量规与/P5 级滚动轴承配的机床箱体孔；与/P6 级滚动轴承孔相配合的机床主轴，精密机械及高速机械的轴径；机床尾座套筒，高精分度盘轴径；分度头主轴，精密丝杠基准轴径；高精度镗套的外径等；发动机中主轴的外径，活塞销外径与活塞的配合；精密仪器中轴与各种传动件轴承的配合；航空、航海工业中，仪表中最重要的精密孔的配合；5 级精度齿轮的基准孔和 5～6 级精度齿轮的基准轴
IT6	广泛用于机械制造中的重要配合，配合表面有较高均匀性的要求，能保证相当高的配合性质，使用可靠。相当于旧国标中的 2 级精度轴和 1 级精度孔的公差	检验 IT12～IT15 级工件用量规和校对 IT15～IT16 级轴用量规的校对量规；与/P6 级滚动轴承相配的外壳孔及与滚子轴承相配的机床主轴轴径；机床制造中，装配式青铜蜗轮、轮壳外径安装齿轮、蜗轮、联轴器、带轮、凸轮的轴径；机床丝杠支承轴径、矩形花键的定心直径、摇臂钻床的立柱等。机床夹具的导向件的外径尺寸；精密仪器光学仪器，计量仪器中的精密轴；航空、航海仪器仪表中的精密轴；无线电工业、自动化仪表、电子仪器，如邮电动机械中特别重要的轴；手表中特别重要的轴；导航仪器中主罗经的方位轴、微电动机轴、电子计算机外围设备中的重要尺寸；医疗器械中牙科直车头、中心齿轮轴及 X 线机齿轮箱的精密轴等；缝纫机中重要轴类尺寸；发动机中的气缸套外径、曲轴主轴径、活塞销、连杆衬套、连杆和轴瓦外径等；6 级精度齿轮的基准孔和 7～8 级精度齿轮的基准轴径，以及特别精密（1～2 级精度）齿轮的顶圆外径
IT7	应用条件与 IT6 相类似，但它要求的精度可比 IT6 稍低一点。在一般机械制造业中应用相当普遍，相当于旧国标中 3 级精度轴或 2 级精度孔的公差	检验 IT14～IT16 级工件用量规和校对 IT16 级轴用量规的校对量规；机床制造中装配式青铜蜗轮轮缘孔径、联轴器、带轮、凸轮等的孔径、机床卡盘座孔、摇臂钻床的摇臂孔、车床丝杠的轴承孔等；机床夹头导向件的内孔（如固定钻套、可换钻套、衬套、镗套等）；发动机中的连杆孔、活塞孔、铰制螺栓定位孔等；纺织机械中的重要零件；印染机械中要求较高的零件；精密仪器光学仪器中精密配合的内孔；手表中的离合杆压簧；导航仪器中主罗经底座孔、方位支架孔；医疗器械中牙科直车头、中心齿轮轴的轴承孔及 X 线机齿轮箱的转盘孔；电子计算机、电子仪器、仪表中的重要内孔；缝纫机中的重要轴内孔零件；邮电机械中重要零件的内孔；7～8 级精度齿轮的基准孔和 9～10 级精度齿轮的基准轴

（续）

公差等级	应用条件说明	应用举例
IT8	用于机械制造中属中等精度；在仪器、仪表及钟表制造中，由于基本尺寸较小，所以属较高精度范畴；在配合确定性要求不太高时，可应用较多的一个等级，尤其是在农业机械、纺织机械、印染机械、自行车、缝纫机、医疗器械中应用最广	检验IT16级工件用量规，轴承座衬套沿宽度方向的尺寸配合；手表中跨齿轴，棘爪拨针轮等与夹板的配合；无线电仪表工业中的一般配合；电子仪器仪表中较重要的内孔；计算机中变数齿轮孔和轴的配合。医疗器械中牙科车头的钻头套的孔与车针柄部的配合；导航仪器中主罗经粗刻度盘孔月牙形支架与微电动机汇电环孔等；电动机制造中铁芯与机座的配合；发动机活塞油环槽宽连杆轴瓦内径、低精度（9~12级精度）齿轮的基准孔、11~12级精度齿轮和基准轴、6~8级精度齿轮的顶圆
IT9	应用条件与IT8相类似，但要求精度低于IT8时用。比旧国标4级精度公差值稍大	机床制造中轴套外径与孔，操纵件与轴、空转带轮与轴操作系统的轴与轴承等的配合；纺织机械，印染机械中的一般配合零件；发动机中机油泵体内孔，气门导管内孔，飞轮与飞轮套、圈衬套、混合器预热阀轴，气缸盖孔径、活塞槽环的配合等；光学仪器，自动化仪表中的一般配合；手表中要求较高零件的未注公差尺寸的配合；单键联接中键宽配合尺寸；打字机中的运动件配合等
IT10	应用条件与IT9相类似，但要求精度低于IT9时用；相当于旧国标的5级精度公差	电子仪器仪表中支架上的配合；导航仪器中绝缘衬套孔与汇电环衬套轴；打字机中铆合件的配合尺寸；闹钟机构中的中心管与前夹板；轴套与轴；手表中尺寸小于18mm时要求一般的未注公差尺寸及大于18mm要求较高的未注公差尺寸；发动机中油封挡圈孔与曲轴带轮毂
IT11	用于精度要求较低，装配后可能有较大的间隙。特别适用于要求间隙较大，且有显著变动而不会引起危险的场合，相当于旧国标的6级精度公差	机床上法兰盘止口与孔、滑块与滑移齿轮、凹槽等；农业机械、机车车厢部件及冲压加工的配合零件；钟表制造中不重要的零件，手表制造用的工具及设备中的未注公差尺寸；纺织机械中较粗糙的间隙配合；印染器械中要求较低的配合；医疗器械中手术刀片的配合；磨床制造中的螺纹联接及粗糙的动联接；不做测量基准用的齿轮齿顶圆直径公差
IT12	配合精度要求很低，装配后有很大的间隙，适用于基本上没有什么配合要求的场合；要求较低、未标注公差尺寸的极限偏差；比旧国标的7级精度公差值稍小	非配合尺寸及工序间尺寸；发动机分离杆；手表制造中工艺装备的未注公差尺寸；计算机行业切削加工中未注公差尺寸的极限偏差；医疗器械中手术刀柄的配合；机床制造中扳手孔与扳手座的联接
IT13	用于条件与IT12相类似，但比旧国标7级精度公差值稍大	非配合尺寸及工序间尺寸，计算机、打字机中切削加工零件及圆片孔、两孔中心距的未注公差尺寸
IT14	用于非配合尺寸及不包括在尺寸链中的尺寸。相当于旧国标中的8级精度公差	在机床、汽车、拖拉机、冶金矿山、石油化工、电动机、电器、仪表、仪器、造船、航空、医疗器械、钟表、自行车、缝纫机、造纸与纺织机械等工业中对切削加工零件未注公差尺寸的极限偏差，广泛用于此等级

公差等级	应用条件说明	应用举例
IT15	用于非配合尺寸及不包括在尺寸链中的尺寸。相当于旧国标的 9 级精度公差	冲压件、木模铸造零件、重型机床制造，当尺寸大于 3150mm 时的未注公差尺寸
IT16	用于非配合尺寸及不包括在尺寸链中的尺寸。相当于旧国标的 10 级精度公差	打字机浇铸件尺寸；无线电制造中箱体外形尺寸；手术器械中的一般外形尺寸公差；压弯延伸加工用尺寸；纺织机械中木件尺寸公差；塑料零件尺寸公差；木模制造和自由锻造时使用
IT17	用于非配合尺寸及不包括在尺寸链中的尺寸。相当于旧国标的 11 级精度公差	塑料成型尺寸公差；手术器械中的一般外形尺寸公差
IT18	用于非配合尺寸及不包括在尺寸链中的尺寸。相当于旧国标的 12 级精度公差	冷作、焊接尺寸用公差

附录 D　K 型齿轮油泵装配示意图

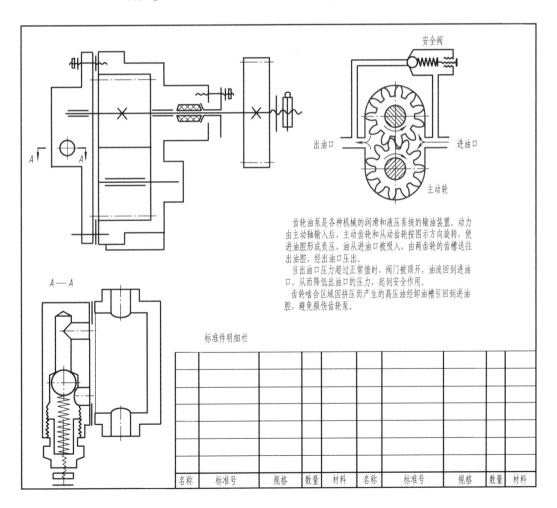

齿轮油泵是各种机械的润滑和液压系统的输油装置。动力由主动轴输入后，主动齿轮和从动齿轮按图示方向旋转，使进油腔形成负压，油从进油口被吸入，由两齿轮的齿槽送往出油腔，经出油口压出。

当出油口压力超过正常值时，阀门被顶开，油流回到进油口，从而降低出油口的压力，起到安全作用。

齿轮啮合区域因挤压而产生的高压油经卸油槽引回到进油腔，避免损伤齿轮泵。

标准件明细栏

名称	标准号	规格	数量	材料	名称	标准号	规格	数量	材料

附录 E 机械工程 CAD 制图规则
（摘自 GB/T 14665—2012）

表 E-1 图线组别

组别	分组					一般用途
	1	2	3	4	5	
线宽	2.0	1.4	1.0	0.7	0.5	粗实线、粗点画线、粗虚线
/mm	1.0	0.7	0.5	0.35	0.25	细实线、波浪线、双折线、细虚线、细点画线、细双点画线

表 E-2 图线显示的颜色

图 线 类 型		屏幕上的颜色
粗实线	——————	白色
细实线	——————	绿色
波浪线	∿∿∿	
双折线	─/\─	
细虚线	----------	黄色
粗虚线	━ ━ ━ ━	白色
细点画线	—·—·—	红色
粗点画线	━·━·━	棕色
细双点画线	—··—··—	粉红色

表 E-3 字体与图样幅面之间的选用关系　　　　（单位：mm）

字符类别	图幅				
	A0	A1	A2	A3	A4
	字体高度 h				
字母与数字	5			3.5	
汉字	7			5	

注：h 为汉字、字母和数字的高度。

参 考 文 献

[1] 李学京. 机械制图和技术制图国家标准学用指南 [M]. 北京：中国标准出版社，2013.

[2] 郑建中. 机器测绘技术 [M]. 2 版. 北京：机械工业出版社，2010.

[3] 刘立平. 制图测绘与 CAD 实训 [M]. 上海：复旦大学出版社，2015.

[4] 王家祥，陆玉兵. 机械制图测绘实训 [M]. 北京：北京理工大学出版社，2011.

[5] 张海霞. 工程制图测绘及技能实训指导 [M]. 哈尔滨：哈尔滨工程大学出版社，2012.

[6] 秦永德. 机器测绘：齿轮油泵零部件测绘 [M]. 北京：北京理工大学出版社，2012.

[7] 刘雪玲，黄艳. 制图测绘与 AutoCAD 综合训练指导 [M]. 大连：大连理工大学出版社，2013.

[8] 蒋丹，杨培中，赵新明. 现代机械工程图学 [M]. 3 版. 北京：高等教育出版社，2015.